全家健康蔬果汁

李宁 编著 北京协和医院营养师 / 全国妇联项目专家组成员

中国轻工业出版社

图书在版编目（CIP）数据

全家健康蔬果汁 / 李宁编著 . —北京：中国轻工
业出版社，2020.8
ISBN 978-7-5184-2342-2

Ⅰ.①全…　Ⅱ.①李…　Ⅲ.①蔬菜－饮料－制作
②果汁饮料－制作　Ⅳ.①TS275.5

中国版本图书馆 CIP 数据核字（2020）第 088659 号

责任编辑：孙苍愚　　责任终审：张乃柬　　责任监印：张京华
策划编辑：翟　燕　　责任校对：晋　洁　　全案制作：悦然文化

出版发行：中国轻工业出版社（北京东长安街 6 号，邮编：100740）
印　　刷：北京博海升彩色印刷有限公司
经　　销：各地新华书店
版　　次：2020 年 8 月第 1 版第 1 次印刷
开　　本：710×1000　1/16　印张：12
字　　数：200 千字
书　　号：ISBN 978-7-5184-2342-2　定价：39.80 元
邮购电话：010-65241695
发行电话：010-85119835　传真：85113293
网　　址：http://www.chlip.com.cn
Email：club@chlip.com.cn
如发现图书残缺请与我社邮购联系调换
181133S1X101ZBW

前　言

　　有时候，过快的节奏会让生活充满焦虑、挣扎、惶恐。慢下来吧，不做无效社交，能让人的生活趋向简单、纯粹、快乐。从一杯健康、绿色的蔬果汁开始，在前进脚步太快而迷茫的年代，找到幸福的起点。

　　繁忙的工作间隙，一杯草莓葡萄柚汁，可为紧张的神经松绑，让你时刻活力满满；

　　每天饭后，一杯鲜橙汁，纤体美白，让你窈窕又美丽；

　　每晚睡前，一杯香蕉奶昔，安神助眠，让你一觉到天明；

　　运动后，一杯菠萝多纤果汁，缓解疲劳，让你活力倍增，舒畅又开怀……

　　本书介绍了各种蔬果的营养知识和搭配方法，手把手教你做有益身体健康的蔬果汁，既有美白、祛痘、除皱、缓解压力、促进睡眠的蔬果汁，又有适合老人、孩子、男性、女性不同人群喝的蔬果汁，还有生理期、血压高时适宜喝的蔬果汁等，让全家品尝到低糖、有机、天然鲜美的蔬果汁，享受诗意生活。

　　在人们的固有印象中，蔬果汁都是冷饮，本书特别收录多道温热蔬果汁，感冒、生理期时也能喝。

　　书中的蔬果汁都是我亲自实践过的，美味又健康。每道蔬果汁皆标出热量，且热量都不高，全家人均可轻松享用。

　　每天来杯蔬果汁，熨平生活中的小褶皱。

2020 年春

蔬果汁网络热搜问题全解答

蔬菜打汁，想着就很难喝，有没有味道不错的蔬菜汁？

李宁答

当然有的。我在家尝试过一个配方，口感就不错，用2份绿叶菜搭配1份白色甜瓜，打出的汁清香中带着淡淡的甜味。绿色蔬菜可以用小油菜、小白菜、油麦菜等，也可以用沸水焯烫后的菠菜，只要味道不那么浓郁，汁水比较多的绿叶菜都可以用。水果可以选择香味比较浓、酸味比较淡、颜色不太深的，苹果、雪梨都可以用。注意，不建议搭配酸味大的水果，因为酸会让绿叶菜的颜色变成黄褐色，使样子变差。

鲜榨蔬果汁能放多久？喝不完怎么办？

李宁答

蔬果汁最好能现榨现喝，在半小时内喝完最佳。如果喝不完，常温保存不能超过2小时，这里的常温是指28℃左右，高于这个温度，喝不完就放冰箱里吧。虽然低温对细菌生长有一定的抑制作用，但放冰箱保存也不要超过24小时。

什么人不适合喝蔬果汁？

李宁答

不是每个人都适合喝蔬果汁的。水果和蔬菜中都含有较多的钾，肾病患者无法排出体内多余的钾，如果过量摄入蔬果汁容易导致高血钾症。此外，不管哪种原因引起的高血钾症都暂时不适合喝蔬果汁。而糖尿病患者需要长期控制血糖，在喝蔬果汁前必须计算里面的碳水化合物含量，并将其纳入饮食计划中，也不是随便喝多少都行的。

用生的绿叶菜来打汁，行吗？会不会草酸太多妨碍消化？

李宁答

其实，绿叶菜并非个个都有很多草酸。小白菜、小油菜、油麦菜的草酸含量都非常低，无须担心。焯水能去掉生味，打汁比较好喝，同时焯水可以起到杀菌、去除农药残留的作用，安全方面也比较可靠。但焯水会损失水溶性营养素，如维生素 C、叶酸等。如果人年轻，胃肠好，不嫌弃生菜叶子味，或菜本身味道也不太涩，其实直接打汁也是可以的。

怎么让鲜榨蔬果汁有漂亮的颜色？

许多蔬果，如土豆、红薯、茄子、苹果等含有多酚类物质和酚氧化酶，榨汁时这两类物质相遇，再加上空气中的氧气，会使得蔬果汁的颜色越来越深。

减少变色可以试试以下 3 种方法：

1 选择不容易褐变的水果、蔬菜来榨汁，如柑橘、草莓、番茄、胡萝卜、芒果、西瓜等。

2 可以将容易变色的蔬果如雪梨、苹果等切成小块，在沸水中烫到半熟再榨汁。

3 加少许柠檬汁或其他维生素 C 含量多的蔬果，也可以在榨汁时，添加一些维生素 C，用药店买来的维生素 C 片碾碎放入即可。

都说水果皮有营养，可又担心农药残留问题，到底该不该吃？

的确，水果皮营养非常丰富，丢弃很可惜。建议大家用流动的清水冲洗干净，再用清水或小苏打水浸泡 10 分钟，最后再清洗一次，这样可以去掉大部分的脂溶性农药。如果仍然担心有农药残留，也可以根据个人意愿去皮。

榨汁机、原汁机、豆浆机、料理机如何选择？

李宁答

榨汁机可以将蔬果快速榨成蔬果汁，经济实用；原汁机是以石磨原理榨汁，速度比较慢，减少了部分营养素被破坏，有的设置了大口径，蔬果不需要切割，但价格一般略贵；很多豆浆机都是一机多用，有打制蔬果汁的功能，只需按功能选择就可以了；料理机功能较多，既能榨汁、做豆浆，又能搅拌、粉碎等。大家可以根据自己的需求选择合适的工具，本书所选蔬果汁统一用榨汁机来操作，豆浆用豆浆机来操作。

我是虚寒体质，一喝蔬果汁就拉肚子，怎么办？

李宁答

大多数都市人久坐、少动，整日吹空调，虚寒体质的人很多。这部分人群最好喝常温的蔬果汁，不建议喝冰的。从食物的属性看，大部分蔬菜、水果都偏寒，少部分如荔枝、桂圆、芒果等是偏热的。榨汁时，应注意食材的寒热搭配，或适当放入一些姜一起榨汁。

目录

Part 3 招牌奶茶
每天来一杯

Part 4 醇香奶盖
集颜值与美味于一体

Part 5 时尚冰沙
无负担、享冰爽

Chapter 2 简约健康

Part 1 美白养颜
白嫩紧致弹弹弹

Part 2 排毒瘦身
燃烧你的卡路里

Part 3 提神抗衰
越喝越年轻

Part 4 补肾护发
美丽从"头"开始

Part 5 养肝明目
不易老少生病

Part 6 润肺清咽
不怕雾霾咳喘少

Part 7 健脾养胃
吃得下睡得香

Part 8 调节免疫力
喝出抗病力

Chapter 3 全家轻享

Part 1 适合女性的蔬果汁
更美 更瘦 更健康

Part 2 适合孩子的蔬果汁
不挑食 促生长 少生病

Part 3 适合老人的蔬果汁
健脾 抗衰 调慢病

适合男性的蔬果汁

解压 强体 不油腻

附录 四季蔬果汁

网红爆款

清爽果汁
DIY 零添加

热 量
42千卡

私家秘籍
挑选红柚时，先看重量，同等大小的红柚，要挑选重的；其次要看质量，用手按压红柚，硬的果肉更紧实，口感更甘甜。

满杯红柚 清除自由基

准备 红柚100克，蜂蜜适量。

做法

1 将红柚洗净，去皮、子、白色筋膜，切小块。

2 将红柚块放入榨汁机中，加入适量饮用水搅打，打好后加入蜂蜜调匀，倒入杯中即可。

注

1. 书中饮品所用的蜂蜜可根据个人喜好来添加，不推荐加太多，以3~5克为宜，不计算到总热量中。

2. 本书中出现的饮品用料如茶叶、花草茶等，因《中国食物成分表：标准版》（第6版）中没有相关数据，故不计算到总热量中。

3. 本书中出现的饮品所用食材如果用量为适量，表示用量较小，不计算到总热量中。

蜂蜜柚子汁 缓解疲劳

准备　柚子 150 克，蜂蜜适量。

做法

1　柚子去皮、子、白色筋膜，切小块。
2　将柚子块放入榨汁机中，加入适量饮用水搅打均匀，加入蜂蜜调匀即可。

🌿营养课堂🌿

柚子富含钾，而钠含量低，榨汁搭配蜂蜜食用，能够起到缓解疲劳的功效。

热　量
63千卡

鲜语柚雪梨 滋阴润肺

准备　雪梨 100 克，柚子 50 克，碎冰 80 克，蜂蜜适量。

做法

1　雪梨洗净，去皮、核，切小丁；将柚子去皮、子、白色筋膜，切小块。
2　将雪梨丁、柚子块、碎冰放入榨汁机中，加入适量饮用水搅打均匀后倒入杯中，加入蜂蜜调匀即可。

🌿营养课堂🌿

雪梨搭配柚子，既生津解渴又能为皮肤补充水分，有滋阴润肺的功效。

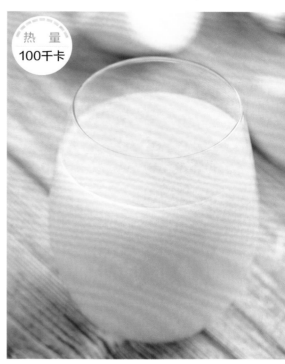

热　量
100千卡

热 量
194千卡

私家秘籍

取百香果果肉时，用刀沿着百香果"肚子"刨一圈，再掰开果皮即可。

满杯百香果 改善肤质

准备 百香果 200 克，蜂蜜适量。

做法

1 百香果洗净，切开，取出果肉。

2 将百香果肉放入空杯中，加入适量温水搅打均匀，再加入蜂蜜调匀即可。

营养课堂

百香果有维生素和酶等多种营养物质，可以清除体内自由基，改善肤质。

热 量
71千卡

私家秘籍

切橙子方法：用盐水先浸泡一下橙子，洗净后切去头和尾，然后用"十"字刀法切成四块。接下来将每一块去皮、除子，再按需要切成小块即可。

桃橙汁 有助减轻水肿

准备 水蜜桃 50 克，橙子 100 克。

做法

1 橙子洗净，去皮、子，切小块；水蜜桃洗净，去皮、核，切块。

2 将上述食材放入榨汁机中，加入适量饮用水搅打均匀即可。

营养课堂

水蜜桃的钾含量较高，有利尿的作用，搭配富含维生素 C 的橙子榨汁，有利于增强毛细血管的通透性，帮助减轻水肿。

百香金橘 清肺化痰

准备　金橘、百香果各 100 克。

做法

1 金橘去皮，分瓣，去子，切块；百香果洗净，切开，取出果肉，放入杯中。

2 将金橘块放入榨汁机中，加入适量饮用水搅打均匀后倒入装有百香果果肉的杯中即可。

🍃营养课堂🍃

橘子可以化痰止咳，搭配百香果榨汁饮用，可以帮助清肺化痰。

私家秘籍

橘瓣外表的白色丝络里含有维生素 P，有提高人体抵抗力的功效，榨汁时应保留。

柚见菠萝 补血健脾

准备　柚子 50 克，菠萝 100 克，淡盐水适量。

做法

1 柚子去皮、子、白色筋膜，切小块；菠萝去皮，切小块，放入淡盐水中浸泡 15 分钟，捞出冲洗一下。

2 将上述食材放入榨汁机中，加入适量饮用水搅打均匀即可。

🍃营养课堂🍃

常喝这道饮品，可以起到补血、益气、健脾、开胃的功效。

热量
124千卡

私家秘籍

好的苹果大小适中，果皮光洁，颜色艳丽，气味芳香，无虫眼和损伤，果肉质地紧密，用手在表面轻轻按压不会产生凹陷。

苹果百香汁 滋润皮肤

准备　苹果 50 克，百香果 100 克。

做法

1　苹果洗净，去皮、核，切丁；百香果洗净，切开，取出果肉，放入杯中。

2　将苹果丁放入榨汁机中，加入适量饮用水搅打均匀，倒入装有百香果果肉的杯中即可。

🥄 营养课堂 🥄

苹果富含维生素 C 和膳食纤维，经常饮用这道饮品可以滋润皮肤，活化肌肤细胞。

热量
46千卡

私家秘籍

青柠檬口感较为酸涩，可根据个人口味酌情增减青柠檬的用量。

青柠芒果汁 缓解身体疲劳

准备　青柠檬 30 克，芒果 100 克。

做法

1　柠檬洗净，去皮、子，切小块；芒果洗净，去皮、核，留下果肉。

2　将上述食材放入榨汁机中，加入适量饮用水搅打均匀即可。

🥄 营养课堂 🥄

青柠檬中富含柠檬酸，是一种代谢的重要化合物，具有提神解乏的作用，搭配芒果榨汁饮用，可以缓解身体疲劳。

多肉葡萄 养肝

准备 巨峰葡萄 150 克，碎冰 80 克，蜂蜜适量。

做法

1 巨峰葡萄洗净，切半去子，其中 50 克倒入空杯中，捣碎成泥备用。
2 将剩余的巨峰葡萄、碎冰放入榨汁机中，加入适量饮用水搅打均匀，加入蜂蜜调匀倒入装有葡萄泥的杯中即可。

> **营养课堂**
>
> 这道饮品有补肝肾、益气血、利小便的作用。

热 量
53千卡

私家秘籍

1. 好的葡萄颗粒完整、饱满，果梗硬朗，果梗与果粒之间比较结实。
2. 绿茶、白茶、黄茶等芽叶细嫩的茶，适宜用 80~85℃的热水冲泡，以免失去原有的清香、鲜爽。

缤纷黑加仑 养肾固发

准备 黑加仑 100 克，蓝莓 50 克，蜂蜜适量。

做法

1 黑加仑洗净，切半去子；蓝莓洗净。
2 将上述食材放入榨汁机中，加入适量饮用水搅打均匀，加入蜂蜜调匀即可。

> **营养课堂**
>
> 中医认为，头发与人的肾气和肝血有关，黑加仑有补益肝肾的作用，搭配蓝莓做成蔬果汁饮用，能养肾固发。

热 量
95千卡

私家秘籍

如果蓝莓有汁溢出，说明蓝莓已经熟过了；如果蓝莓表皮皱巴巴的，说明储存时间过长，水分损失较多。以上两种情况都不建议购买。

热量
51千卡

私家秘籍
选购哈密瓜时可看看哈密瓜的颜色，一般灰绿色的哈密瓜更好吃。

哈哈哈密瓜 改善皮肤粗糙

准备　哈密瓜 150 克，碎冰 80 克。

做法

1 哈密瓜洗净，去皮、子，切块。
2 将哈密瓜块、碎冰放入榨汁机中，加入适量饮用水搅打均匀即可。

🍊营养课堂🍊

哈密瓜富含 β - 胡萝卜素，常饮此道饮品有助于改善夜盲症和皮肤粗糙的状况。

热量
61千卡

私家秘籍
红提的果皮颜色有深红色和浅红色，一般来说，深红色的红提更甜一些。

红提密瓜 促进消化

准备　红提 50 克，哈密瓜 100 克，碎冰 80 克。

做法

1 红提洗净，切成两半，去子；哈密瓜洗净，去皮、子，切块。
2 红提块、哈密瓜块、碎冰放入榨汁机中，加入适量饮用水搅打均匀即可。

🍊营养课堂🍊

红提搭配哈密瓜，可补充膳食纤维及多种维生素，既能消暑止渴，又能促进消化、预防便秘。

鲜柠石榴 水润肌肤

准备　柠檬 30 克，石榴 150 克，碎冰 50 克。

做法

1　柠檬洗净，去皮、子，切小块；石榴去皮，剥出果粒。

2　将柠檬块、石榴果粒、碎冰放入榨汁机中，加入适量饮用水搅打均匀即可。

　营养课堂　

石榴中含有维生素 C、B 族维生素、叶酸等多种营养物质，能为肌肤补充水分。石榴搭配柠檬榨汁饮用，口感更佳，也可让石榴中的营养素更容易被人体吸收。

热量
119千卡

私家秘籍

超市里卖的石榴一般有红色、黄色和绿色三种，有人认为石榴也跟苹果一样，越红越甜，但实际上黄色的石榴才最甜、最好吃。

半夏蕉香 润肠通便

准备　香蕉 150 克，碎冰 50 克。

做法

1　香蕉去皮，切厚片，单留出一片备用。

2　将香蕉片、碎冰放入榨汁机中，加入适量饮用水搅打均匀，用留出的香蕉片装饰即可。

　营养课堂　

香蕉含有较多膳食纤维，可以促进胃肠蠕动，缓解便秘。

热量
129千卡

私家秘籍

香蕉放在通风处保存，能保鲜 1 周左右。切不可放入冰箱冷藏，否则会表皮发黑，容易腐烂。

热量
107千卡

遇见粉荔 改善皮肤暗沉

准备　荔枝 150 克，碎冰 80 克，蜂蜜
　　　适量。

做法

1 荔枝洗净，去壳、核。

2 将荔枝肉、碎冰放入榨汁机中，加入
　适量饮用水搅打均匀，加入蜂蜜调匀
　即可。

🍊 私家秘籍

选购荔枝时，应选择个头大的。荔
枝的个头越大，则果肉越饱满，也
越好吃。

🌿 营养课堂 🌿

荔枝含有丰富的维生素，榨汁饮用可以
起到提亮肤色，改善皮肤暗沉的功效。

热量
94千卡

荔香桃桃丁 改善气色

准备　荔枝 100 克，水蜜桃 50 克，碎
　　　冰 80 克。

做法

1 荔枝洗净，去壳、核；水蜜桃洗净，
　去皮、核，切块。

2 将荔枝肉、水蜜桃块、碎冰放入榨汁
　机中，加入适量饮用水搅打均匀
　即可。

🌿 营养课堂 🌿

水蜜桃富含铁，荔枝富含维生素，搭配
榨汁饮用，可以使女性面色红润。

Part 2

花果茶香
喝出好滋味

苹果玫瑰茶 提亮肤色

准备 苹果 30 克，玫瑰茄（即洛神花）
5 克，玫瑰花 3 克。

做法

1 将苹果洗净，去皮、核，切薄片。
2 将苹果片、玫瑰茄、玫瑰花一起放入
杯中，倒入沸水，盖上盖子闷泡 5 分
钟后饮用。

♪ 营养课堂 ♪

面色红润与否与人体气血关系密切，玫
瑰花具有行气活血的作用；玫瑰茄富含
有机酸及多种对人体有益的矿物质，可
清热解毒；苹果富含维生素 C 和膳食纤
维，可排毒养颜。经常饮用此茶不仅能
让黯淡的面色逐渐红润起来，对面部色
斑也有一定改善作用。

牡丹千日红茶 美白祛斑

准备　牡丹花球、千日红、桃花各3朵，柠檬1片。

做法

　　将所有食材一起放入杯中，倒入沸水，盖盖子闷泡5分钟后饮用。

> ♪ 营养课堂 ♪
>
> "自古桃花增美色，面若桃花虞美人"，桃花、牡丹花、千日红都具有调节内分泌、通经活络、消炎祛斑的功效；柠檬可以补充多种维生素，排毒美容，舒缓神经。这款茶饮可以疏通经络、以内养外，祛斑美白。

玫瑰补气茶 益气养血

准备　红枣10克，西洋参9克，玫瑰花8枚。

做法

1 红枣洗净，去核。
2 将所有食材放入茶杯中，倒入沸水，盖上盖子闷泡5分钟后饮用。

> ♪ 营养课堂 ♪
>
> 红枣具有补血补气的功效；玫瑰花性温、香气甜润，具有理气解郁、通经活络、镇静、抗忧郁的功效；西洋参具有补气养阴的功效。因此这款茶饮不仅可以补气养血、提升气色，还可改善不良情绪，让心情"多云转晴"。

布丁花果茶 提神醒脑

准备 葡萄 100 克，红茶 5 克，布丁 50 克（2 个）。

做法

1 将布丁切小块；葡萄洗净，切半去子，放入榨汁机榨汁。

2 将红茶放入茶壶中，倒入 85～95℃ 的热水，盖盖子闷泡约 3 分钟，再将茶水过滤到杯中备用。

3 把葡萄汁、布丁块放入茶中调匀即可饮用。

🍂 营养课堂 🍂

这道饮品富含果糖，可以为大脑补充能量，达到提神醒脑的功效。

热 量
152千卡

私家秘籍

对大多数茶叶来说，用沸水冲泡会破坏很多营养物质，水温太低又无法泡透茶叶，出不来茶香。红茶、马龙茶适合用 85～95℃ 的热水来冲泡。

山楂合欢花茶 清心除烦

准备 合欢花、干山楂各 3 克。

做法

　　将合欢花、干山楂一起放入杯中，倒入沸水，盖盖子闷泡约 8 分钟后饮用。

🍂 营养课堂 🍂

合欢花具有养心宁神、理气解郁的功效；山楂则可以活血化瘀、减脂消食。二者合用可理气解郁、活血减脂，缓解肝郁引起的失眠。

山楂乌梅玫瑰花茶
止渴除烦

准备　乌梅 20 克，干山楂 8 克，玫瑰花 6 朵，陈皮 6 克，甘草 3 克，蜂蜜适量。

做法

1 将干山楂、乌梅、陈皮清洗一下，与玫瑰花、甘草放入锅中，倒入适量清水，大火烧沸后改小火熬煮约 15 分钟。

2 关火后待凉至温热，加入蜂蜜即可。

> ❧ 营养课堂 ❧
>
> 乌梅具有生津止咳、敛肺的功效；山楂、陈皮具有健胃消食、理气化湿的功效；甘草的甜味可以调和乌梅的酸味；玫瑰花可以行气解郁。

红心小淘气　增强皮肤弹性

准备　水蜜桃、碎冰各 80 克，红心火龙果 20 克，绿茶 5 克。

做法

1 将绿茶放入茶壶中，倒入 80~85℃ 的热水，盖盖子闷泡约 8 分钟，将茶水过滤倒入空杯中凉凉备用。

2 水蜜桃洗净，去皮、核，切块；红心火龙果去皮，切小块。

3 将水蜜桃块、红心火龙果块和碎冰一起放入榨汁机中，加入适量茶水搅打均匀即可。

热　量
48千卡

避免食材气味都太强烈

在做蔬果汁时，最好避免将气味强烈的蔬果全部丢进榨汁机搅打，如苦瓜＋西芹＋柿子椒＋胡萝卜＋柠檬＋菠萝，看起来非常有营养，但这杯蔬果汁包含了苦、涩、酸、甜，口感特别强劲，不容易被接受。

营养课堂

这款饮品富含多种维生素和膳食纤维，能促进消化，通便去火。

青玉菠萝 通便去火

准备　苦瓜 30 克，菠萝 120 克，碎冰 80 克，绿茶 5 克，淡盐水、蜂蜜各适量。

做法

1　将绿茶放入茶壶中，倒入 80～85℃的热水，盖盖子闷泡约 8 分钟，将茶水过滤倒入空杯中凉凉备用。

2　苦瓜洗净，去瓤，切块；菠萝去皮，切小块，放入淡盐水中浸泡 15 分钟，捞出冲洗一下。

3　将苦瓜块、一半菠萝块、碎冰放入榨汁机中，加入适量茶水搅打，打好后加入蜂蜜调匀，倒入空杯中；再将剩余菠萝丁放入榨汁机中，加适量茶水搅打成颗粒状，倒入杯中即可。

热　量
59千卡

私家秘籍

在制作一些苦味或涩味较重的蔬果汁时，加入少许蜂蜜能很好地调节味道。

私家秘籍

买西瓜的时候，我们都知道可以拍一拍
西瓜，听声音判断西瓜是否成熟。这
时可以再看看西瓜表皮的颜色，表皮
颜色深的西瓜成熟度更好，口感更甜。

西瓜波波茶 利尿排毒

准备　西瓜 150 克，冰块 50 克，茉莉
　　　花茶 5 克。

做法

1 将茉莉花茶放入茶壶中，倒入沸水，
　盖盖子闷泡约 8 分钟，倒入杯中凉
　凉备用。

2 用勺子挖出西瓜瓤，去子。

3 将西瓜瓤放入榨汁机中，加入适量茶
　水搅打，打好后倒入空杯中，加入冰
　块即可。

　　　　　营养课堂

这道饮品含有多种维生素和钾元素，可
助消化，利尿排毒。

桃桃水果茶 润肤养颜

准备　水蜜桃 50 克，苹果、橘子各 30
　　　克，茉莉花茶 5 克，碎冰 80 克。

做法

1 将茉莉花茶放入茶壶中，倒入沸水，
　盖盖子闷泡约 8 分钟，待温热后将茶
　水过滤倒入杯中凉凉备用。

2 水蜜桃、苹果分别洗净，去皮、核，
　切块；橘子去皮，分瓣，除子，切块。

3 将水蜜桃块、苹果块、橘子块、碎冰放
　入榨汁机中，加入茶水搅打均匀即可。

　　　　　营养课堂

苹果和橘子均富含维生素，搭配富含铁
的水蜜桃榨汁饮用，可活化肌肤细胞，
润肤养颜，是爱美人士的聪明选择。

醉醉粉荔　清火祛痘

准备　荔枝 100 克，芦荟、红心火龙果、白朗姆酒各 30 克，碎冰 80 克，绿茶 5 克。

做法

1　将绿茶放入茶壶中，倒入 80～85℃ 的热水冲泡，盖盖子闷泡约 8 分钟，将茶水过滤倒入空杯中凉凉；荔枝洗净，去皮、核，留果肉；红心火龙果去皮，切小块；芦荟洗净，去皮，切丁。

2　将荔枝肉、红心火龙果块、芦荟丁放入榨汁机中，加入适量茶水、白朗姆酒，搅打均匀即可。

热量
109千卡

霸气桃桃　抗氧化

准备　水蜜桃、樱桃各 100 克，碎冰 80 克，绿茶 5 克。

做法

1　将绿茶放入茶壶中，倒入 80～85℃ 的热水，盖盖子闷泡约 8 分钟，将茶水过滤倒入空杯中凉凉备用；水蜜桃洗净，去皮、核，切块；樱桃洗净，去核。

2　将水蜜桃块、樱桃、碎冰放入榨汁机中，加入适量茶水搅打均匀即可。

> 🍃 营养课堂 🍃
>
> 这款饮品含有维生素 C、铁，有抗氧化、红润面色的作用。

热量
92千卡

热量
31千卡

私家秘籍

挑选草莓时，要挑色泽鲜亮、颗粒饱满，整颗草莓颜色均匀，蒂头叶片鲜绿，没有白斑或灰斑的。

森林玫果 缓解疲劳

准备　树莓、草莓各50克，碎冰80克，绿茶5克。

做法

1 将绿茶放入茶壶中，倒入80~85℃的热水，盖盖子闷泡约8分钟，将茶水过滤倒入空杯中凉凉备用；树莓、草莓洗净，去蒂，切小块，留一个草莓一切两半备用。

2 将树莓块、草莓块、碎冰放入榨汁机中，加入适量茶水搅打均匀，喝前加留出的草莓块装饰即可。

　　🍃 营养课堂 🍃

这道饮品富含维生素C、鞣花酸等，可以增强体质、缓解疲劳，适合夏季饮用。

热量
147千卡

茉香奶绿 滋润皮肤

准备　哈密瓜50克，牛奶200克，茉莉花茶5克。

做法

1 将茉莉花茶放入茶壶中，倒入沸水，盖盖子闷泡约8分钟，将茶水过滤倒入空杯中凉凉备用。

2 哈密瓜洗净，去皮、子，切块。

3 将哈密瓜块、牛奶放入榨汁机中，加入适量茶水搅打均匀即可。

　　🍃 营养课堂 🍃

香甜多汁的哈密瓜搭配牛奶，可为肌肤补充水分，榨汁饮用有滋润皮肤、延缓衰老之效。

葡萄柚绿 缓解疲劳

准备 葡萄柚 100 克，碎冰 50 克，绿茶 5 克，蜂蜜适量。

做法

1 将绿茶放入茶壶中，倒入 80 ~ 85℃ 的热水，盖盖子闷泡约 8 分钟，将茶水过滤倒入空杯中凉凉备用；葡萄柚去皮、子、白色筋膜，切小块。

2 将葡萄柚块、碎冰放入榨汁机中，加入适量茶水搅打均匀，加入蜂蜜调匀即可。

> **☙ 营养课堂 ☙**
>
> 葡萄柚富含钾、维生素 C 等营养素，有缓解疲劳的功效。

热 量
33千卡

霸气杨梅 健胃消食

准备 杨梅 120 克，碎冰、冰块各 50 克，绿茶 5 克。

做法

1 将绿茶放入茶壶中，倒入 80 ~ 85℃ 的热水，盖盖子闷泡约 8 分钟，将茶水过滤倒入空杯中凉凉备用；杨梅洗净，去核，留下果肉。

2 将杨梅果肉、碎冰放入榨汁机中，加入适量茶水搅打均匀，倒入杯中即可。

> **☙ 营养课堂 ☙**
>
> 中医认为杨梅有止渴生津、健胃消食的功效，本饮品适合夏季饮用。

热 量
36千卡

私家秘籍
选购杨梅时要选择不软不硬的，太软的成熟过度，太硬的则是还未成熟。

葡提绿茶 缓解视疲劳

准备 葡萄、青提各 50 克，碎冰 80 克，绿茶 5 克，蜂蜜适量。

做法

1 将绿茶放入茶壶中，倒入 80~85℃ 的热水，盖盖子闷泡约 8 分钟，将茶水过滤倒入空杯中凉凉备用。

2 葡萄、青提洗净，切半去子。

3 将处理好的葡萄、青提、碎冰放入榨汁机中，加入适量茶水搅打均匀，加入蜂蜜调匀即可。

热 量
50千卡

 私家秘籍

> 葡提汁可以多打一些，可将压缩面膜放入剩下的果汁中浸泡，取出敷在脸上 20 分钟，取下（后需再次洗脸），有美白嫩肤功效。

果汁达人进阶课

榨汁宜选低 GI 值的蔬果

日常榨汁时，最好挑选低 GI（即血糖生成指数）食材。通常，GI 值小于 55 为低 GI 食材，55~70 为中 GI 食材，高于 70 为高 GI 食材。大部分蔬果的 GI 值偏中低等，对血糖控制影响不大，在选择时可以多选择低 GI 蔬果，中 GI 和高 GI 的蔬果少量加入即可。

常见蔬果的 GI 值

菠菜	15	桃子	28
黄瓜	23	木瓜	30
苦瓜	24	葡萄柚	31
番茄	30	柠檬	34
莲藕	38	苹果	36
红薯	55	香蕉	52
南瓜	65	菠萝	66

营养课堂

葡萄和青提搭配榨汁，可以保护眼睛，缓解视疲劳。

热带百香绿 清除体内自由基

热　量
146千卡

准备　百香果150克，绿茶5克，蜂蜜适量。

做法

1　将绿茶放入茶壶中，倒入80～85℃的热水，盖盖子闷泡约8分钟，将茶水滤到空杯中备用。

2　百香果洗净，切开，取出果肉。

3　将百香果肉放入空杯中，倒入温茶水，冲泡好后加入蜂蜜调匀即可。

满杯橙橙 对抗紫外线

热　量
35千卡

准备　橙子50克，柠檬30克，绿茶5克，蜂蜜适量。

做法

1　将绿茶放入杯中，倒入80～85℃的热水冲泡8分钟，待温热将茶水滤到杯中。

2　橙子、柠檬洗净，去皮、子，切小块。

3　将上述食材放入榨汁机中，搅打均匀，倒入杯中即可。

热量
118千卡

柚见百香 美容养颜

准备　百香果 100 克，柚子 50 克，茉莉花茶 5 克。

做法

1　将茉莉花茶放入茶壶中，倒入沸水，盖盖子闷泡约 8 分钟，待温热后将茶水过滤倒入杯中备用。

2　柚子去皮、子、白色筋膜，切小块；百香果洗净，切开，取出果肉放入空杯中备用。

3　将柚子块放入榨汁机中，加入适量茉莉花茶搅打均匀，倒入装有百香果果肉的杯中即可。

热量
66千卡

🍊 私家秘籍

这道饮品中含有菠萝蛋白酶，能够分解蛋白质，直接食用会刺激口腔黏膜，放入淡盐水后，就能抑制菠萝蛋白酶的作用，使菠萝吃起来更香甜。

多肉菠萝 健脾养胃

准备　菠萝 150 克，碎冰 80 克，绿茶 5 克，淡盐水、蜂蜜各适量。

做法

1　将绿茶放入茶壶中，倒入 80～85℃ 的热水，盖盖子闷泡约 8 分钟，将茶水过滤倒入空杯中凉凉。

2　菠萝去皮，切小块，放入淡盐水中浸泡 15 分钟，捞出冲洗一下。

3　将菠萝块、碎冰放入榨汁机中，加入适量茶水搅打均匀，加入蜂蜜调匀即可。

🍃 营养课堂 🍃

这道饮品可以健胃消食、滋润肠胃，继而消除饮食带来的火气。

尽量选择当地、时令蔬果

现在很多蔬菜和水果都是一年四季有售。一些不是当季盛产的蔬菜和水果，经过长时间的低温冷藏，会损失水分和营养，甚至有的在保鲜过程中还使用了防腐剂等。而当季的蔬果是自然成熟的，最新鲜，营养也最高。同一种水果和蔬菜，当地产的品质更优良，因为避免了长途运输，并且一般都是蔬果较成熟之后才采摘。

❧ 营养课堂 ❧

芒果含维生素C和胡萝卜素，有抗氧化的作用，榨成汁能帮助女性美白、滋润皮肤。

私家秘籍

有人认为芒果会凝血，女性生理期不能吃。这个说法纯粹是以讹传讹。无论是传统医学还是现代医学，都没有靠谱的证据表明芒果会影响女性的月经。如果喜欢吃芒果，在生理期吃一两个，是完全不用担心的。

芒果很芒 美白润肤

准备　芒果 120 克，碎冰 80 克，绿茶 5 克。

做法

1. 将绿茶放入茶壶中，倒入 80~85℃的热水，盖盖子闷泡约 8 分钟，将茶水过滤倒入空杯中凉凉。
2. 芒果洗净，去皮和核，留下果肉，切丁，将其中 20 克芒果丁放入空杯中备用。
3. 将剩余芒果丁、碎冰放入榨汁机中，加入适量茶水搅打均匀，倒入放有芒果丁的杯中即可。

热　量
42千卡

Part 3

招牌奶茶
每天来一杯

热 量
130千卡

小确幸奶茶 利水消肿

准备　牛奶200克，白糖、红茶各5克。

做法

1 锅置火上，烧微热倒入白糖，小火加热至焦糖色。

2 白糖变成焦黄色时，立刻倒入牛奶和红茶，中小火慢慢搅拌，使茶味充分煮出。

3 当奶茶表面出现小气泡时，关火滤掉茶叶即可。

珍珠奶茶 消暑止渴

准备 牛奶 200 克，白糖、红茶各 5 克，珍珠粉圆 20 克。

做法

1 锅置火上，倒水，大火将珍珠粉圆煮熟，倒入空杯中备用。

2 锅置火上，烧微热倒入白糖，小火加热至焦糖色。

3 白糖变成焦黄色时，立刻倒入牛奶和红茶，中小火慢慢搅拌，使茶味充分煮出。

4 当奶茶表面出现小气泡时关火，滤掉茶叶，倒入放有珍珠粉圆的杯中即可。

热 量
198千卡

红豆奶茶 补益气血

准备 牛奶 200 克，白糖 6 克，红茶 5 克，红豆 10 克。

做法

1 红豆洗净，浸泡 4 小时，煮熟，倒入空杯中备用。

2 锅置火上，烧微热倒入白糖，小火加热至焦糖色。

3 白糖变成焦黄色时立刻倒入牛奶和红茶适量，中小火慢慢搅拌，使茶味充分煮出。当奶茶表面出现小气泡时关火，滤掉茶叶，倒入放有红豆的杯中即可。

> ♪营养课堂♪
>
> 这道饮品有补血补气的功效，可促进血液循环、活血舒筋、暖脾健胃、化瘀生新，对痛经和贫血有一定的辅助效果。

热 量
162千卡

红豆布丁奶茶 健脾益肾

准备　牛奶 200 克，红豆、布丁各 10 克，白糖、红茶各 5 克。

做法

1 将布丁切小块，倒入杯中备用；红豆洗净，浸泡 4 小时，煮熟，倒入放有布丁的杯中。

2 锅置火上，烧微热倒入白糖，小火加热至焦糖色。

3 白糖变成焦黄色时立刻倒入牛奶和红茶，中小火慢慢搅拌，使茶味充分煮出。

4 当奶茶表面出现小气泡时关火，滤掉茶叶，倒入放有布丁和红豆的杯中即可。

阿萨姆奶茶 消除疲劳

准备　牛奶 200 克，白糖、阿萨姆红茶各 5 克。

做法

1 锅置火上，烧微热倒入白糖，小火加热至焦糖色。

2 白糖变成焦黄色时立刻倒入牛奶和阿萨姆红茶，中小火慢慢搅拌，使茶味充分煮出。

3 当奶茶表面出现小气泡时关火，滤掉茶叶即可。

西米奶茶 滋养皮肤

准备 牛奶 200 克，西米 20 克，白糖、红茶各 5 克。

做法

1 西米洗净，倒入沸水中，煮 15 分钟，不停搅拌，煮至透明状，过凉水后沥干备用。

2 锅置火上，烧微热倒入白糖，小火加热至焦糖色。

3 白糖变成焦黄色时立刻倒入牛奶和红茶，中小火慢慢搅拌，使茶味充分煮出。

4 当奶茶表面出现小气泡时关火，滤掉茶叶，倒入放有西米的杯中即可。

热 量
189千卡

姜汁奶茶 活血驱寒

准备 牛奶 200 克，生姜 20 克，红茶 5 克，蜂蜜适量。

做法

1 将红茶放入茶壶中，倒入沸水，盖盖子闷泡约 8 分钟，将茶水过滤倒入空杯凉凉备用。

2 生姜洗净，去皮，切小块，放入榨汁机中，加温水搅打均匀后倒入杯中。

3 将牛奶、姜汁、蜂蜜倒入茶水杯中调匀即可。

> 🥄 营养课堂 🥄
>
> 中医认为姜性温，煮奶茶饮用可以暖身驱寒，改善血液循环，也可缓解因受寒而引发的经期疼痛。

热 量
139千卡

私家秘籍

市面上也有不需煮的仙草冻粉，直接用沸水冲泡搅拌，冷却凝固即成仙草冻。大家可以根据需要采购。

仙草奶茶 清热消暑

准备　牛奶200克，仙草冻粉20克，白糖、红茶各5克。

做法

1　锅烧微热倒入白糖，小火加热至焦糖色，立刻倒入牛奶和红茶，中小火慢慢搅拌，使茶味充分煮出；当奶茶表面出现小气泡时，关火滤掉茶叶，倒入杯中备用。

2　取仙草冻粉，倒入适量饮用水，搅拌至没有颗粒的糊状；锅置火上，将仙草糊倒入锅中，加入沸水，不停搅拌，并继续加热至沸腾，关火后迅速将仙草糊倒入方形容器中冷却至凝固。

3　将彻底凝固的仙草冻，倒扣在案板上，切成丁，放入奶茶杯中即可。

紫米奶茶 养颜护肤

准备　牛奶200克，紫米10克，白糖、红茶各5克。

做法

1　紫米洗净，浸泡4小时，煮熟放入空杯中，凉凉后冷藏备用。

2　锅置火上，烧微热倒入白糖，小火加热至焦糖色。

3　白糖变成焦黄色时立刻倒入牛奶和红茶，中小火慢慢搅拌，使茶味充分煮出；当奶茶表面出现小气泡时，关火滤掉茶叶，倒入放有紫米的杯中即可。

🍃营养课堂🍃

中医讲紫米具有养肝、养颜、润肤等功效，紫米煮奶茶饮用，可以起到养颜护肤的功效。

食材放入顺序有讲究

先将质地较软的食材放入榨汁机中，接着是液体（如奶类、豆浆等）及质地较硬的食材（如坚果），冰块应最后放入，这样有助于榨汁，也能让蔬果汁口感更佳。

营养课堂

柠檬和金橘富含柠檬酸，能缓解身体疲劳，搭配榨汁煮成奶茶饮用，口感微酸，可以起到消食醒酒的功效。

金橘柠檬双钻奶茶 消食醒酒

准备　牛奶 200 克，金橘、柠檬各 30 克，白糖、红茶各 5 克。

做法

1　金橘去皮，分瓣，除子；柠檬洗净，去皮、子，切小块。

2　将上述食材放入榨汁机中，加适量饮用水搅打均匀倒入空杯中备用。

3　锅置火上，烧微热倒入白糖，小火加热至焦糖色。

4　白糖变成焦黄色时立刻倒入牛奶和红茶，中小火慢慢搅拌，使茶味充分煮出。

5　当奶茶表面出现小气泡时关火，滤掉茶叶，倒入放有食材的杯中即可。

热 量
159千卡

热量
141千卡

柠香欧蕾 开胃提神

准备　牛奶200克，柠檬30克，白糖、红茶各5克。

做法

1 柠檬洗净，切薄片，放入空杯中备用。

2 锅置火上，烧微热倒入白糖，小火加热至焦糖色。

3 白糖变成焦黄色时立刻倒入牛奶和红茶，中小火慢慢搅拌，使茶味充分煮出。

4 当奶茶表面出现小气泡时关火，滤掉茶叶，倒入放有柠檬片的杯中即可。

🍃营养课堂🍃

奶茶搭配柠檬饮用，口感更佳，可以起到开胃提神的功效。

热量
151千卡

红柚有茶 润肺清肠

准备　红柚50克，牛奶200克，白糖、红茶各5克。

做法

1 红柚去皮、子、白色筋膜，切小块，倒入空杯中备用。

2 锅烧微热倒入白糖，小火加热至焦糖色，立刻倒入牛奶和红茶，中小火慢慢搅拌，使茶味充分煮出。

3 当奶茶表面出现小气泡时关火，滤掉茶叶，倒入放有红柚块的杯中即可。

🍃营养课堂🍃

红柚富含膳食纤维、维生素C、维生素P等营养素，做成奶茶饮用，可以促进肠胃蠕动，起到润肺清肠的功效。

椰果奶茶 清热消暑

准备 牛奶 200 克，椰果 20 克，白糖、红茶各 5 克。

做法

1 锅置火上，烧微热倒入白糖，小火加热至焦糖色。
2 白糖变成焦黄色时立刻倒入牛奶和红茶，中小火慢慢搅拌，使茶味充分煮出。
3 当奶茶表面出现小气泡时关火，滤掉茶叶，倒入杯中，加入椰果即可。

热量
168千卡

玫瑰奶茶 消除疲劳

准备 红茶 3 克，玫瑰花 5 朵，牛奶 50 克。

做法

1 将红茶加入 85～95℃ 的热水冲泡，3～5 分钟后滤出茶汤。
2 加入玫瑰花闷泡 3～5 分钟后，调入牛奶，搅打均匀即可饮用。

热量
33千卡

Part 4

醇香奶盖
集颜值与美味于一体

热量
1157千卡

私家秘籍

在打发奶盖的时候垫上冰袋，低温更容易打发成功。选购西米时要选择颜色纯白、圆润饱满的。色泽暗淡无光的不能买。

杨枝甘露 美容养颜

准备 芒果、椰浆各100克，红柚30克，西米、淡奶油各50克，芝士10克，牛奶200克，白糖适量。

做法

1 西米洗净，沸水煮至透明，捞出沥干。

2 芒果洗净，去皮和核，留下果肉，切块，留少许切小丁备用；红柚去皮、子、白色筋膜，掰成小粒；将淡奶油、20克牛奶、芝士、白糖放入盆中，打发成细腻奶泡状态，即为奶盖。

3 将芒果块、红柚粒（留少许）放入榨汁机中，加入椰浆、剩余180克牛奶，搅打均匀后倒入杯中，加入西米，加入奶盖，再加入留出的芒果丁和红柚粒即可。

注 芝士又称奶酪，市售奶盖茶多用奶油奶酪。

芝芝莓莓 滋润皮肤

准备 草莓 100 克，酸奶 150 克，碎冰、淡奶油各 50 克，芝士、牛奶各 20 克，白糖适量。

做法

1 草莓洗净，去蒂，切小块；酸奶倒入空杯中，再放入 20 克碎冰备用。

2 将淡奶油、牛奶、芝士、白糖放入盆中，打发成细腻奶泡状态，即为奶盖。

3 将草莓块、剩余的碎冰放入榨汁机中，加入适量饮用水搅打均匀，倒入放有酸奶和碎冰的杯中，加入奶盖即可。

> 🍃 营养课堂 🍃
>
> 富含维生素 C 的草莓搭配酸奶榨汁，可以滋润皮肤，适合春季饮用。

热量
676千卡

🍊 私家秘籍

草莓的清洗方法：去除草莓的叶子，用清水清洗一下，然后在淡盐水中浸泡 5 分钟左右，再捞出来清洗干净即可。

荔枝酪酪 提亮肤色

准备 荔枝 100 克，淡奶油、酸奶、碎冰各 50 克，牛奶、芝士各 20 克，绿茶 5 克，海盐少许。

做法

1 将绿茶放入茶壶中，倒入 80~85℃ 的热水，盖盖子闷泡约 8 分钟，将茶水过滤倒入空杯中凉凉备用。

2 荔枝洗净，去核，留果肉；将淡奶油、牛奶、芝士、海盐放入盆中，打发成细腻奶泡状态，即为奶盖。

3 将荔枝果肉、碎冰放入榨汁机中，加入适量茶水搅打均匀倒入杯中，再倒入酸奶，加入奶盖即可。

热量
629千卡

热 量
683千卡

霸气芝士桃桃莓 改善水肿

准备 水蜜桃、草莓、淡奶油各 50 克，
酸奶 150 克，牛奶、芝士各 20
克，白糖少许。

做法

1 水蜜桃洗净，去皮、核，切块；草莓
洗净，去蒂，切块。

2 将淡奶油、牛奶、芝士、白糖放入盆
中，打发成细腻奶泡状态，即为奶盖。

3 将水蜜桃块、草莓块放入榨汁机中，
加入适量饮用水搅打均匀，倒入杯
中，再倒入酸奶搅拌均匀，加入奶盖
即可。

热 量
651千卡

芝芝密瓜 美容养颜

准备 哈密瓜、牛奶各 150 克，淡奶油
50 克，芝士 20 克，海盐少许。

做法

1 哈密瓜洗净，去皮、子，切块。

2 将淡奶油、20 克牛奶、芝士、海盐
放入盆中，打发成细腻奶泡状态，即
为奶盖。

3 将哈密瓜块放入榨汁机中，加入剩余
130 克牛奶搅打均匀后倒入杯中，加
上奶盖即可。

芝士橙子奶盖 抗老化

准备　橙子 150 克，酸奶 100 克，淡奶油、冰块各 50 克，芝士、牛奶各 20 克，白糖适量。

做法

1 橙子洗净，去皮、子，切小块；冰块倒入空杯中备用。

2 将淡奶油、牛奶、芝士、白糖放入盆中，打发成细腻奶泡状态，即为奶盖。

3 将橙子块放入榨汁机中，加入适量饮用水搅打均匀，倒入放冰块的杯中，再倒入酸奶，加入奶盖即可。

🍃 营养课堂 🍃

橙子搭配酸奶饮用，能补充维生素 C 和蛋白质，有着消除疲劳，抗老化的功效。

热量
660千卡

哈密瓜抹茶奶盖 消暑止渴

准备　哈密瓜 150 克，淡奶油 50 克，牛奶、芝士各 20 克，抹茶粉 5 克，海盐少许。

做法

1 哈密瓜洗净，去皮、子，切块；冰块倒入空杯中备用。

2 将淡奶油、牛奶、抹茶粉、海盐放入盆中，打发成细腻奶泡状态，即为奶盖。

3 将哈密瓜块放入榨汁机中，加入适量茶水搅打均匀，倒入放冰块的杯中，加入奶盖即可。

🍃 营养课堂 🍃

哈密瓜口感清爽甘甜，搭配酸奶饮用，可以消暑止渴。

热量
566千卡

热 量
568千卡

芝士芒果奶盖 美白，抗皱

准备 芒果 150 克，淡奶油 50 克，牛奶、芝士各 20 克，海盐少许。

做法

1 芒果洗净，去皮、核，留下果肉。

2 将淡奶油、牛奶、芝士、海盐放入盆中，打发成细腻奶泡状态，即为奶盖。

3 将芒果果肉放入榨汁机中，加入适量饮用水搅打均匀，倒入杯中，加入奶盖即可。

> ❧ 营养课堂 ❧
>
> 芒果含有丰富的维生素，有着"水果之王"的称号，榨汁饮用有美白、抗皱的功效。

热 量
761千卡

牛油果奶盖 滋润皮肤

准备 牛油果 150 克，牛奶 100 克，淡奶油、碎冰各 50 克，蜂蜜、白糖各适量。

做法

1 牛油果从中间切开，去核，取出果肉。

2 将淡奶油、20 克牛奶、白糖放入盆中，打发成细腻奶泡状态，即为奶盖。

3 将牛油果果肉、碎冰、剩余 80 克牛奶放入榨汁机中，加入适量饮用水搅打，打好后加蜂蜜调匀，加入奶盖即可。

> ✿ 私家秘籍
>
> 牛油果鲜绿色的时候还未成熟，当变为黑色时则已经成熟过度，墨绿色为牛油果成熟度最佳时刻，适宜选购。

> ❧ 营养课堂 ❧
>
> 牛油果富含维生素 E、不饱和脂肪酸等营养素，搭配牛奶榨汁饮用，能很好地滋润皮肤。

1. 淡奶油打发前最好放冰箱里冷藏 12 个小时，能提高打发成功率。
2. 打发时，打发器皿下面可以垫一盆冰水，这样能减轻打蛋器摩擦生热而影响打发。
3. 打发器皿要保证无水无油，再倒入奶油。
4. 打发奶盖时，先中速打发至起泡，再换高速打发至细腻奶泡状态。打发时间会因为奶油品种、打蛋器品种、环境温度等而有所不同，建议根据打发状态来自行掌握打发时间。

草莓钻乳 增强体质

准备 草莓、牛奶各 150 克，淡奶油 50 克，白糖适量。

做法

1 草莓洗净，去蒂，切两片放在杯壁上，其余切小块。

2 将淡奶油、20 克牛奶、白糖放入盆中，打发成细腻奶泡状态，即为奶盖。

3 将草莓块放入榨汁机中，加入 100 克牛奶搅打均匀后倒入杯中，抹在杯壁上，再倒入剩余 30 克牛奶，加入奶盖即可。

热量
585千卡

香蕉奶盖　对抗衰老

准备　香蕉150克，牛奶100克，淡奶油、碎冰各50克，白糖适量。

做法

1 香蕉去皮，切小段。

2 将淡奶油、20克牛奶、白糖放入盆中，打发成细腻奶泡状态，即为奶盖。

3 将香蕉段、剩余80克牛奶、碎冰放入榨汁机中，加入适量饮用水搅打均匀，倒入杯中，加入奶盖即可。

✿营养课堂✿

香蕉含有B族维生素，牛奶含有维生素A，搭配做成奶盖，能帮助肌肤补水保湿，对抗衰老。

芝芝红颜　消暑止渴

准备　草莓、石榴各100克，牛奶150克，淡奶油50克，芝士20克，海盐少许，蜂蜜适量。

做法

1 草莓洗净，去蒂，切小块；石榴去皮，剥出果粒。

2 将淡奶油、20克牛奶、芝士、海盐放入盆中，打发成细腻奶泡状态，即为奶盖。

3 将草莓块、石榴果粒放入榨汁机中，加入剩余130克牛奶搅打均匀，加蜂蜜调匀，最后加上奶盖即可。

芝与菠萝 健胃消食

准备 菠萝、牛奶各 150 克，淡奶油 50 克，芝士 20 克，淡盐水适量，海盐少许。

做法

1 菠萝去皮，切小块，放入淡盐水中浸泡 15 分钟，捞出冲洗一下；将淡奶油、20 克牛奶、芝士、海盐放入盆中，打发成细腻奶泡状态，即为奶盖。

2 将菠萝块放入榨汁机中，加入剩余 130 克牛奶搅打均匀后倒入杯中，加上奶盖即可。

🍃 营养课堂 🍃

菠萝中维生素 C 的含量很高，有健胃消食的作用，能消除饮食带来的火气。

热 量
666千卡

🍊 私家秘籍

选购菠萝时，可以将菠萝翻过来看看底部，底部的圆圈越大，说明菠萝的成熟度就越高。

芝士奶盖鲜绿茶 补充维C

准备 猕猴桃 150 克，淡奶油 50 克，牛奶、芝士各 20 克，绿茶 5 克，海盐少许。

做法

1 将绿茶放入茶壶中，倒入 80～85℃ 的热水，盖盖子闷泡约 8 分钟，待温热后将茶水过滤倒入杯中备用。

2 猕猴桃洗净，去皮，切 2 片放入杯中备用，其余的切小块。

3 将淡奶油、20 克牛奶、芝士、海盐放入盆中，打发成细腻奶泡状态，即为奶盖。

4 将猕猴桃块放入榨汁机中，加入适量茶水搅打均匀后倒入放猕猴桃片的杯中，加入奶盖即可。

热 量
607千卡

Part 5

时尚冰沙
无负担、享冰爽

热 量
92千卡

私家秘籍

冰沙是一种受欢迎的夏季冷饮，饮品店一般是使用冰沙机来制作的。家里如果没有冰沙机，建议先将冰块敲打成碎冰状再用榨汁机制作。本书中出现的冰沙均使用榨汁机制作。

猕猴桃冰沙 美容护肤

准备 猕猴桃、碎冰各150克，蜂蜜适量。

做法

1 猕猴桃洗净，去皮，切小块。

2 将猕猴桃块、碎冰放入榨汁机中，加入适量饮用水搅打，打好后加入蜂蜜调匀即可。

❧ 营养课堂 ❧

猕猴桃味道清新，富含维生素C等多种营养素，做成冰沙可以起到美容护肤的功效。

火龙果菠萝冰沙
提亮肤色

准备　火龙果 100 克，菠萝 50 克，碎
　　　冰 150 克，淡盐水适量。

做法

1 火龙果去皮，切小块；菠萝去皮，切
　小块，放入淡盐水中浸泡 15 分钟，
　捞出冲洗一下。

2 将火龙果块、菠萝块、碎冰放入榨
　汁机中，加入适量饮用水搅打均匀
　即可。

🍃 营养课堂 🍃

火龙果和菠萝都富含多种维生素，搭配
做成冰沙能改善皮肤暗沉，提亮肤色。

热 量
77千卡

私家秘籍

制作冰沙时要少加些饮用水，以防温
度不够低，导致冰沙很快化掉。

迷幻柠檬冰沙
消除疲劳

准备　柠檬 20 克，碎冰 100 克，蜂蜜
　　　适量。

做法

1 柠檬洗净，去皮、子，切小块。

2 将柠檬块、碎冰放入榨汁机中，加入
　少许饮用水搅打，打好后加入蜂蜜调
　匀即可。

🍃 营养课堂 🍃

柠檬微酸，且富含维生素 C、柠檬酸等
营养素，夏季做成冰沙饮用，可以消除
疲劳，消暑止渴。

热 量
7千卡

热量
102千卡

菠萝芒橘冰沙 美白淡斑

准备 菠萝、芒果各100克，橘子、碎
冰各50克，淡盐水适量。

做法

1 菠萝去皮，切小块，放入淡盐水中浸
泡15分钟，捞出冲洗一下；芒果洗
净，去皮和核，留下果肉；橘子去
皮，分瓣，除子，切块。

2 将上述食材及碎冰放入榨汁机中，加入
适量饮用水搅打均匀，倒入杯中即可。

🥄 营养课堂 🥄

这道冰沙用菠萝、芒果、橘子三者搭
配，富含丰富的营养素，可以提亮肤
色，美白淡斑。

热量
35千卡

梅子绿茶冰沙
生津止渴

准备 梅子100克，碎冰150克，绿茶
5克，蜂蜜适量。

做法

1 将绿茶放入茶壶中，倒入80~85℃
的热水，盖盖子闷泡约8分钟，待
温热后将茶水过滤倒入杯中备用。

2 梅子洗净，切成两半，去核。

3 将梅子果肉、碎冰放入榨汁机中，加
入少许茶水搅打均匀，加蜂蜜调匀
即可。

🍋 私家秘籍

选购时要选择果形大、果核小的梅
子，口感最佳。

🥄 营养课堂 🥄

梅子性温、味甘，与绿茶一同做成冰
沙，可以生津止渴，适宜夏季饮用。

橙香冰沙 润肺清热

准备 橙子 150 克，碎冰 100 克，蜂蜜适量。

做法

1 橙子洗净，去皮、子，切小块。

2 将橙子块、碎冰放入榨汁机中，加入适量饮用水搅打，打好后加入蜂蜜调匀即可。

> ❧ 营养课堂 ❧
>
> 这款冰沙有开胃健脾、润肺止咳、清热解毒、润肠通便的作用。

热 量
72千卡

哈密瓜冰沙 消暑止渴

准备 哈密瓜 150 克，碎冰 80 克。

做法

1 哈密瓜洗净，去皮、子，切块。

2 将哈密瓜块、碎冰放入榨汁机中，加入适量饮用水搅打均匀即可。

> ❧ 营养课堂 ❧
>
> 哈密瓜有消暑止渴的作用，制成冰沙能帮助缓解暑热烦渴。

热 量
51千卡

芒果酸奶冰沙 滋润皮肤

准备　芒果、碎冰各 150 克，酸奶 50 克。

做法

1 芒果洗净，去皮和核，留下果肉，取 20 克芒果果肉切丁。

2 将剩余芒果果肉、碎冰放入榨汁机中，加入适量饮用水搅打均匀，倒入杯中，放入酸奶、芒果丁即可。

果汁达人进阶课

解决水分太少的问题

蔬果本身所含的水分，会因为种类与所产季节不同而有多寡之分，水分太少的蔬果会影响制作，可能会出现榨汁机运行不畅、制作时间过长、无法搅打到位等问题，所以在制作蔬果汁时，加入适量饮用水作为食材混合的媒介是必要的。

当然，除了饮用水外，也可以选择全脂或低脂牛奶、豆浆、无糖酸奶等作为媒介，除了提供水分，还能升级营养和口感。

热 量
96千卡

营养课堂

这道饮品不仅能清热解暑，还有滋润皮肤的功效。

葡萄冰沙　缓解视疲劳

准备　葡萄、碎冰各 150 克，蜂蜜适量。

做法

1 葡萄洗净，切成两半去子。
2 将葡萄果肉、碎冰放入榨汁机中，加入适量饮用水搅打，打好后加入蜂蜜调匀即可。

热 量
68千卡

红豆雪精灵　利尿消肿

准备　红豆 20 克，牛奶 50 克，碎冰 100 克，蜂蜜适量。

做法

1 红豆洗净，浸泡 4 小时，煮熟凉凉备用。
2 将 15 克红豆和碎冰放入榨汁机中，加入适量牛奶搅打均匀后倒入杯中，盛出，加蜂蜜拌匀，撒上剩余红豆即可。

热 量
97千卡

榴莲酸奶冰沙
养颜润肤

准备　榴莲 100 克，酸奶 50 克，碎冰 150 克，蜂蜜适量。

做法

1 榴莲去皮、核，切小块。
2 将榴莲块、碎冰、酸奶放入榨汁机中，加入适量饮用水搅打，打好后加入蜂蜜调匀即可。

热 量
193千卡

Chapter

2

简约
健康

美白养颜

白嫩紧致弹弹弹

热量
66千卡

私家秘籍

畸形的草莓往往是种植过程中使用了过多的植物生长刺激素所造成的。虽然对人体健康影响不大，但在购买时也尽量少选择这类草莓。

草莓葡萄柚汁 美白亮肤

准备　草莓 50 克，葡萄柚 150 克，蜂蜜适量。

做法

1 葡萄柚洗净，去皮、子，切小块；草莓洗净，去蒂，切小块。

2 将上述食材一同倒入榨汁机中，加入适量饮用水搅打均匀后倒入杯中，加入蜂蜜调匀即可。

> **营养课堂**
>
> 葡萄柚兼具柚子的气味和橙子的营养，还含有丰富的番茄红素，搭配富含维生素 C 的草莓，抗氧化性更好，美白功效更强。

荔枝西瓜汁 美容养颜

准备 荔枝 100 克，西瓜 200 克。

做法

1. 将荔枝果皮剥掉，取果肉，拿掉内核；西瓜去皮，切小块。
2. 将上述食材放入榨汁机中搅打均匀即可。

热量 133千卡

> **营养课堂**
>
> 古人把荔枝誉为"果之牡丹""百果之王"，白居易也曾作诗咏荔枝："瓤肉莹白如冰雪，浆液甘酸如醴酪。"可见荔枝味道之佳，营养之好。此款果汁含有丰富的维生素，常饮能美白淡斑，提亮肤色，改善皮肤暗沉的状况。

番茄香橙汁 防止色素沉积

准备 番茄 100 克，橙子 50 克，蜂蜜适量。

做法

1. 番茄洗净，去蒂，用开水烫一下，去皮，切丁；橙子去皮、子，切块。
2. 将上述食材一起倒入榨汁机中，加入适量饮用水搅打，搅打以后倒出，调入蜂蜜即可。

热量 39千卡

私家秘籍

自然成熟的番茄外观圆滑，捏起来有点软，蒂周围有些绿色，子粒为土黄色，肉红、瓤沙、多汁。

> **营养课堂**
>
> 番茄含有番茄红素、维生素 C 等，可保护皮肤免受紫外线的伤害；橙子中含有胡萝卜素等，可维持皮肤黏膜层的完整性；二者搭配可防止色素沉积，预防和缓解皮肤干燥、粗糙、老化的情况。

猕猴桃雪梨汁　美白淡斑

准备　猕猴桃 100 克，雪梨 70 克，柠檬 10 克。

做法

1 猕猴桃洗净，去皮，切小块；雪梨洗净，去皮、核，切小丁；柠檬洗净，去皮、子，切小块。

2 将上述食材放入榨汁机中，加入适量饮用水，搅打均匀即可。

热　量
120千卡

草莓猕猴桃汁　嫩肤养颜

准备　草莓、猕猴桃各 100 克。

做法

1 草莓洗净，去蒂，切小块；猕猴桃洗净，去皮，切小块。

2 将上述食材放在榨汁机内，加入适量饮用水，搅打均匀即可。

热　量
93千卡

芦荟西瓜汁　祛斑美白

准备　西瓜 250 克，芦荟 20 克。

做法

1 西瓜用勺子挖出瓜瓤，去子；芦荟洗净，去皮，切小块。

2 将上述食材放入榨汁机中，搅打均匀即可。

热　量
88千卡

果汁达人进阶课

制作蔬果汁的残渣巧处理

蔬菜、水果榨汁留下的残渣中含有膳食纤维，具有一定的利用价值，别直接丢弃。可以连同蔬果汁一起饮用；也可以将蔬果渣变成果酱，如胡萝卜渣加上少量的白糖、柠檬汁、水，放在微波炉中加热，加一点蜂蜜，就做成了胡萝卜果酱；还可以将蔬果渣放入日常饮食中，如胡萝卜渣掺在米饭中一起煮，就变成了孩子们喜欢的红色蔬菜米饭或做成饺子馅等。

◆ 营养课堂 ◆

牛油果中富含维生素 E，具有很好的抗氧化作用。与富含维生素 C 的苹果搭配榨汁，可以滋润皮肤，防皱抗衰老。

牛油果苹果汁 滋润皮肤

准备　牛油果 50 克，苹果 100 克。

做法

1 苹果洗净，去皮、核，切丁；牛油果从中间切开，去核，取出果肉。

2 将苹果丁、牛油果肉放入榨汁机中，加适量饮用水搅打均匀即可。

热量
139千卡

🍋 私家秘籍

将牛油果果皮清洗干净后，用刀沿着牛油果纵切一圈，然后用手上下扭一扭，牛油果就轻松地一分两半，用刀挖去果核即可取出果肉。

雪梨柠檬橙汁
淡化细纹

热　量
285千卡

准备　雪梨 200 克，橙子 250 克，柠檬 20 克。

做法

1 雪梨洗净，去皮、核，切小丁；橙子去皮、子，切小块；柠檬洗净，去皮、子，切小块。

2 将上述食材放入榨汁机，加适量饮用水，搅打均匀即可。

🍃 营养课堂 🍃

此款蔬果汁能够淡化皮肤的色斑和细纹，提高皮肤的抗氧化能力，可起到美容驻颜的效果。

猕猴桃芹菜汁　控油祛痘

热　量
114千卡

准备　猕猴桃 150 克，芹菜 100 克。

做法

1 猕猴桃洗净，去皮，切小块；芹菜择洗干净，切小段。

2 将上述食材放入榨汁机中，加入适量饮用水，搅打均匀即可。

🍃 营养课堂 🍃

猕猴桃中含有丰富的维生素 C，和芹菜搭配做的果汁口感清淡爽口，其含有的膳食纤维和维生素能帮助预防和缓解粉刺，还有排毒素、控油祛痘的作用。

🍊 私家秘籍

处理芹菜时，别丢弃富含维生素与矿物质的叶部，可以一起放入榨汁机中，芹菜叶也可以加点橄榄油、生抽凉拌着吃。

西瓜葡萄柚汁 紧致皮肤

准备　西瓜 80 克，葡萄柚 60 克。

做法

1 西瓜用勺子挖出瓜瓤，去子；葡萄柚洗净，去皮、子，切小块。

2 将上述食材放入榨汁机中搅打均匀即可。

◢ 营养课堂 ◣

西瓜富含水分，葡萄柚含有的维生素 P，可以紧致皮肤，收缩毛孔，控制肌肤出油效果也不错。

热 量
45千卡

私家秘籍

挑选表皮光滑、瓜皮色泽深、纹路明显整齐的西瓜来榨汁。

生姜橘子苹果汁 养胃祛斑

准备　生姜 10 克，橘子 100 克，苹果 50 克。

做法

1 生姜洗净，切碎；橘子去皮，分瓣，除子，切块；苹果洗净，去皮、核，切丁。

2 将上述食材放入榨汁机中，倒入适量饮用水，用榨汁机搅打细腻即可。

◢ 营养课堂 ◣

生姜可以活血驱寒；橘子可开胃理气、润肺，苹果补脑养血。经常饮用这款蔬果汁，有驱寒、开胃、瘦身、祛斑的效果。

热 量
76千卡

私家秘籍

处理生姜时，最好不要去皮，因为生姜的表皮也是一味中药，可以治疗水肿、小便不利。

雪梨密瓜提子汁 补水润肤

准备　雪梨 200 克，哈密瓜 100 克，红提 40 克。

做法

1　雪梨洗净，去皮、核，切小丁；哈密瓜洗净，去皮、子，切块；红提洗净，一切两半，去子。

2　将上述食材放入榨汁机中，加入适量饮用水，搅打均匀即可。

热　量
214千卡

金橘芦荟小黄瓜汁
去火除痘

准备　金橘 100 克，芦荟 20 克，小黄瓜 150 克，蜂蜜适量。

做法

1　金橘洗净，对半切开，去子；芦荟洗净，去皮，切小块；小黄瓜洗净，切小块。

2　将处理好的食材放入榨汁机中，加适量饮用水搅打均匀，加入蜂蜜调匀即可。

热　量
90千卡

苹果蜜桃饮 消水肿，去眼袋

准备　苹果 50 克，雪梨、水蜜桃各 30 克，柠檬 1 片，红茶 5 克。

做法

1　苹果、雪梨、水蜜桃分别洗净，去皮、核，切小块。

2　将红茶加入 80~85℃的热水冲泡，3~5 分钟后滤出茶汤，倒入杯中，加入苹果块、雪梨块、水蜜桃块和柠檬片，待茶水温热即可。

热　量
64千卡

勿忘我玫瑰茶 祛斑美肤

准备 勿忘我5克，玫瑰花5朵。

做法

将所有食材一起放入杯中，冲入沸水，盖盖子闷泡3~5分钟，凉至温热饮用。

> **营养课堂**
>
> 勿忘我可滋阴补肾，对预防粉刺、皮肤粗糙、雀斑等有很好的效果；玫瑰花富含单宁酸，能改善内分泌失调、美白养颜。

私家秘籍

这款茶饮适宜有粉刺、雀斑的人饮用，但体质燥热的人不宜饮用。另外，还可以在茶饮中加入适量蜂蜜，美肤效果会更好。

红巧梅玫瑰茶
祛斑益气

准备 红巧梅3朵，玫瑰花4朵，玉蝴蝶3片，甘草2克。

做法

将所有食材一起放入杯中，冲入沸水，盖盖子闷泡约5分钟后饮用。

> **营养课堂**
>
> 红巧梅可以调整内分泌紊乱，玫瑰花、玉蝴蝶均可加速黑色素代谢、美白肌肤，加上补脾益气的甘草，这款茶饮既可以祛斑美白，又具有补益气血的作用。

私家秘籍

这款饮品适宜因内分泌紊乱引起色斑并伴有脾胃功能不佳者饮用，但便秘患者和孕妇不宜饮用。

木瓜牛奶 抗菌润肤

准备　木瓜、牛奶各 200 克。

做法

1 木瓜去皮、子，切小丁。

2 将木瓜丁和牛奶放入榨汁机中搅打均匀即可。

🍋 私家秘籍

应选择橙黄色的木瓜来榨汁，不要选择偏绿的，因为那是未成熟时采摘的。切之前一定要清洗干净木瓜表皮，避免切开时污染果肉。

🍃 营养课堂 🍃

木瓜含木瓜酶、水溶性膳食纤维等，能够消炎、抗癌、抗氧化、降血脂、润泽肌肤，与牛奶搭配口感更香浓，营养更丰富，美白效果更显著。

葡萄黑芝麻酸奶昔
排毒美白

准备　葡萄 80 克，苹果 120 克，熟黑芝麻 20 克，酸奶 150 克。

做法

1 苹果洗净，去皮、核，切丁；葡萄洗净，切成两半去子。

2 将上述食材和熟黑芝麻倒入榨汁机中，加酸奶搅打均匀即可。

🍋 私家秘籍

黑芝麻不要整粒放入榨汁机，最好先碾碎，这样里面的营养物质才容易被身体吸收。

🍃 营养课堂 🍃

葡萄含维生素 C；苹果含膳食纤维；黑芝麻是补充维生素 E 的优选食材；酸奶可以改善肠道环境。四者搭配打成的这款蔬果汁具有排毒养颜、美白肌肤的功效。

牛奶抹茶冰沙
养颜助眠

准备 抹茶粉 6 克，牛奶 200 克，白糖和冰块各适量。

做法

1. 将抹茶粉、白糖融入牛奶中，搅拌均匀。
2. 将调好的牛奶倒入榨汁机，然后加入冰块，搅打成冰沙即可。

热 量
145千卡

🌰 营养课堂 🌰

牛奶富含蛋白质、钙以及人体必需的氨基酸，有美白、助眠，提高大脑记忆力的功效。抹茶有一定的抗氧化作用。

私家秘籍

超市里售卖的牛奶品类众多，如高钙奶、早餐奶、牛奶饮品等。鉴于不同人的体质不同，所以选择最简单的纯牛奶就够了。

红柚冰沙 美白，抗氧化

准备 红柚 300 克，碎冰、蜂蜜各适量。

做法

1. 红柚洗净后去皮和子，果肉撕碎。
2. 将红柚果肉、碎冰一起倒入榨汁机中，搅打成冰沙，加入蜂蜜拌匀即可。

热 量
126千卡

🌰 营养课堂 🌰

红柚果肉中富含维生素 C，非常适合有美白和瘦身双需求的人群食用。与此同时，红柚还有止咳化痰、降血糖的功效。

私家秘籍

红柚有一股酸酸涩涩，还有点苦的味道，如果想要好一些的口感，可以用冰糖、蜂蜜来中和一下。

Part 2

排毒瘦身
燃烧你的卡路里

热量
70千卡

🍊 **私家秘籍**

芹菜分普通芹菜和西芹两种，榨汁选西芹较好，肉质丰厚、汁多。选购西芹时，以颜色稍浅、腹沟宽的为好。

猕猴桃西芹汁 减肥瘦身

准备 西芹 50 克，猕猴桃 100 克，蜂蜜适量。

做法

1 西芹择洗干净，切小段；猕猴桃洗净，去皮，切小块。

2 将上述食材放入榨汁机中，加入适量饮用水搅打均匀，打好后调入蜂蜜即可。

🍃 **营养课堂** 🍃

芹菜含有较多膳食纤维，能够预防和改善便秘，与营养丰富的猕猴桃搭配不仅清甜爽口，还可以减肥瘦身，排毒养颜。

冬瓜火龙果汁 缓解便秘

准备 冬瓜 200 克，火龙果 150 克，芦笋 100 克，蜂蜜适量。

做法

1 冬瓜洗净，去皮、瓤，切小块；芦笋洗净，去除老根，切小段，焯熟捞出；火龙果去皮，切小块。

2 留出 2 个芦笋尖备用，将剩余食材放入榨汁机中，加适量饮用水搅打均匀，倒入杯中，加入适量蜂蜜，点缀上芦笋尖即可。

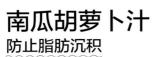

● 营养课堂 ●

这道饮品含有丰富的水分和果胶，能够刺激肠道蠕动，缓解便秘。

南瓜胡萝卜汁
防止脂肪沉积

准备 南瓜 150 克，胡萝卜 100 克。

做法

1 南瓜洗净，去瓤，切小块，放入锅中蒸熟，去皮，凉凉；胡萝卜洗净，切丁。

2 将南瓜块、胡萝卜丁放入榨汁机中，加入适量饮用水搅打均匀即可。

● 营养课堂 ●

南瓜富含胡萝卜素、类黄酮等成分，有突出的抗氧化功效，能减少人体对胆固醇的吸收，防止肥胖。胡萝卜富含维生素 C 和胡萝卜素，可抗氧化，防衰老。二者搭配有助于抗氧化，防止脂肪沉积。

热　量
67千卡

🍊 私家秘籍

选购香蕉，表皮呈鲜黄色，有少量斑
点或无斑点的为佳，如果黑斑太多则
表示过熟，不宜购买。而果皮有损
伤的香蕉极易受细菌污染，对健康不
利，不建议购买。

菠萝香蕉苦瓜汁
清除体内自由基

准备　菠萝、香蕉段各 80 克，紫甘蓝
　　　片、苦瓜丁各 30 克，蜂蜜适
　　　量，淡盐水少许。

做法

1 菠萝去皮，切小块，放入淡盐水中浸
　泡 15 分钟，捞出冲洗一下。

2 将菠萝块、香蕉段、紫甘蓝片和苦瓜
　丁倒入榨汁机中，加入适量饮用水搅
　打，加入蜂蜜搅匀即可。

🌿 营养课堂 🌿

这款蔬果汁富含多种维生素和膳食纤
维，可消脂减肥、通便去火，能有效提
高身体代谢，促进废物排出。

🍊 私家秘籍

猕猴桃应选择质地较软且有香气者；
如果质地硬，无香气，则未成熟。

猕猴桃双瓜汁　排毒纤体

准备　猕猴桃 60 克，黄瓜 100 克，哈
　　　密瓜 200 克。

做法

1 猕猴桃洗净，去皮，切小块；黄瓜
　洗净，切小块；哈密瓜洗净，去皮、
　子，切块。

2 将处理好的上述食材放入榨汁机中，
　加入适量饮用水，搅打均匀即可。

🌿 营养课堂 🌿

富含维生素的猕猴桃味道清新，黄瓜是
瘦身小能手，再搭配上香甜多汁的哈密
瓜榨汁，清爽甜美又能排毒纤体。

营养蔬菜汁 排毒消脂

准备　紫甘蓝 80 克，番茄、胡萝卜各 50 克，柠檬 30 克。

做法

1. 紫甘蓝洗净，撕成小片；胡萝卜洗净，切丁；番茄洗净，用开水烫一下，去皮，切丁；柠檬洗净，去皮、子，切小块。
2. 将上述食材一起倒入榨汁机中，加入适量饮用水，搅打均匀后倒入杯中即可。

> 🍃营养课堂🍃
>
> 这款蔬菜汁营养全面，既能排毒消脂，又能美容养颜。

热 量
55千卡

菠萝多纤果汁 通便排毒

准备　菠萝（去皮）、紫甘蓝各 100 克，黄瓜、香蕉各 50 克，蜂蜜、淡盐水各适量。

做法

1. 紫甘蓝洗净，撕成小片；黄瓜洗净，切小块；香蕉去皮，切段；菠萝切块，放淡盐水中浸泡 15 分钟，捞出冲洗一下。
2. 将上述食材和适量饮用水一起放入榨汁机中搅打，打好后加入蜂蜜调匀即可。

> 🍃营养课堂🍃
>
> 这款蔬果汁富含多种维生素和膳食纤维，可有效提高身体代谢率，促进废物排出，从而达到纤体瘦身的目的。

热 量
120千卡

私家秘籍

黄瓜根部味道比较苦，经常被丢弃。但其实黄瓜根部有很好的美容效果，可以用淡盐水浸泡减轻苦味之后跟其他食材一起榨汁。

黄瓜猕猴桃汁
清除肠道垃圾

准备 黄瓜 100 克，猕猴桃 50 克，葡萄柚 150 克，柠檬 25 克。

做法

1 黄瓜洗净，切小块；猕猴桃洗净，去皮，切小块；葡萄柚、柠檬分别洗净，去皮、子，切小块。

2 将上述食材和适量水一起放入榨汁机中，搅打均匀即可。

> **营养课堂**
>
> 葡萄柚能滋养组织细胞，增强肌体的解毒功能，改善肥胖、水肿等问题，搭配多种蔬果，可清除肠道垃圾，促进排出毒素。

私家秘籍

将莲藕皮润湿，用不锈钢钢丝球擦拭莲藕的表面，能很容易地去掉莲藕皮。

莲藕白菜汁 排毒，消水肿

准备 莲藕 150 克，白菜 100 克，蜂蜜适量。

做法

1 莲藕洗净，去皮，切小丁；白菜洗净，切碎。

2 把上述食材放入榨汁机中，加入适量饮用水搅打均匀，打好后调入蜂蜜即可。

> **营养课堂**
>
> 俗话说"百菜不如白菜"，白菜中膳食纤维比较多，排毒效果佳，搭配能利尿的莲藕榨汁，可排毒化瘀，消除水肿，减肥瘦身。

黄瓜苹果汁 纤体瘦身

准备 黄瓜、苹果各 100 克。

做法

1 黄瓜洗净，切小块；苹果洗净，去皮、核，切丁。

2 将上述食材放入榨汁机中，加入适量饮用水，搅打均匀即可。

🍃 营养课堂 🍃

这道饮品富含维生素 C 和膳食纤维，是纤体瘦身、减肥代餐的好选择。

热　量
69千卡

苹果白菜柠檬汁
消脂减肥

准备 苹果 150 克，白菜心 100 克，柠檬 25 克，蜂蜜适量。

做法

1 苹果洗净，去皮、核，切丁；白菜心洗净，切碎；柠檬洗净，去皮、子，切小块。

2 将上述食材放入榨汁机中，加入适量饮用水搅打，打好后加入蜂蜜调匀即可。

🍃 营养课堂 🍃

苹果和白菜均富含膳食纤维和充足水分，搭配榨汁能达到润肠通便，消脂减肥的功效。

热　量
109千卡

热 量
51千卡

黄瓜柠檬饮 促进新陈代谢

准备　黄瓜 200 克，柠檬 50 克。

做法

1　黄瓜洗净，切小块；柠檬洗净，去皮、子，切小块。

2　将黄瓜块、柠檬块放入榨汁机中加入适量饮用水搅打即可。

🍃营养课堂🍃

一说到柠檬，首先想到的就是维生素 C 含量很高。黄瓜含有丙醇二酸，能抑制体内糖类物质转化为脂肪，可减少体内的脂肪堆积，其还含有膳食纤维，能够促进肠道中的废物排出。早上来一杯黄瓜柠檬饮，有美容养颜和减肥瘦身的功效。

热 量
45千卡

香瓜柠檬汁 清肠排毒

准备　香瓜 100 克，柠檬 50 克，蜂蜜 5 克。

做法

1　香瓜洗净，去皮、瓤，切小块；柠檬洗净，去皮、子，切小块。

2　将上述食材倒入榨汁机中，加入适量饮用水搅打，加入蜂蜜搅匀即可。

🍃营养课堂🍃

柠檬含有维生素 C、柠檬酸、B 族维生素等，能提高抵抗力。香瓜中富含果胶，可以吸附毒素和代谢废物，加速排便。

🌼私家秘籍

把香蕉放入干净的塑料袋中，挤出袋内的空气，扎紧袋口，放在阴凉、干燥处，这样能保鲜 1 周左右。

菠萝苦瓜猕猴桃汁
排毒养颜

准备　菠萝 150 克，苦瓜 60 克，猕猴
　　　桃 50 克，蜂蜜、淡盐水各适量。

做法

1 菠萝去皮，切块，放淡盐水中浸泡 15
　分钟，捞出冲洗一下；猕猴桃洗净，
　去皮，切小块；苦瓜洗净，去瓤，
　切丁。

2 将上述食材和适量饮用水放进榨汁机
　搅打均匀，调入蜂蜜即可。

> 🥄 营养课堂 🥄
>
> 这款蔬果汁富含维生素 C 和膳食纤维，
> 能促进消化、养颜排毒，使肌肤保持亮泽。

热　量
110千卡

西芹海带黄瓜汁 清热消肿

准备　黄瓜 200 克，水发海带 25 克，
　　　西芹、柠檬各 50 克。

做法

1 西芹择洗干净，切小段；海带洗净，
　煮熟，切碎；黄瓜洗净，切小块；柠
　檬洗净，去皮和子，切小块。

2 将上述食材和适量饮用水放入榨汁机
　中，搅打均匀即可。

> 🥄 营养课堂 🥄
>
> 西芹能清热解毒，防癌抗癌；黄瓜可清
> 热利水，解毒消肿；海带可调节免疫
> 力，降压降脂、利尿消肿。三者搭配榨
> 汁，清热消肿效果不错。

热　量
35千卡

南瓜绿豆汁 排毒，清热除烦

准备 南瓜 150 克，绿豆 50 克，蜂蜜适量。

做法

1 南瓜洗净，去瓤，切小块，放入锅中蒸熟，去皮；绿豆洗净，浸泡 4~6 小时，放入锅中煮熟。

2 将上述食材和适量饮用水放入榨汁机中搅打均匀，打好后加入蜂蜜调匀即可。

热 量
199千卡

🍊 私家秘籍

将绿豆洗净，放入保温瓶中用开水浸泡 3~4 小时，再下锅煮，就可以在较短时间内将绿豆煮熟。

🍃 营养课堂 🍃

南瓜富含果胶，可粘合并消除体内的细菌及毒性物质，促进身体排毒；绿豆能清火解毒。所以这款饮品有清火排毒的功效。

玫瑰柠檬草茶
减少脂肪堆积

准备　玫瑰花5朵，柠檬草3克，甜
叶菊1片。

做法
　　将所有食材一起放入杯中，冲入沸
水，盖盖子闷泡约5分钟后饮用。

💧 营养课堂 💧

玫瑰花有疏肝解郁、润肠通便的作用；
柠檬草可以去除胃肠胀气、帮助消化，
两者合用可以促进消化、排便，减少腹
部脂肪堆积，适宜肝郁气滞、大便干
结、胃肠胀气者饮用。体寒易腹泻者不
宜饮用。

🌀 私家秘籍
柠檬草有浓烈的柠檬香气，而且气候
越炎热，它的香气就越浓烈，可以给
炎热的季节带来一缕清爽。

薏米荷叶茶
减轻下肢水肿

准备　炒薏米10克，干荷叶5克，干
山楂4克。

做法
　　将所有食材一起放入杯中，冲入沸
水，盖盖子闷泡约8分钟后饮用。

💧 营养课堂 💧

薏米具有清热排毒、利水消肿的作用；
山楂、荷叶具有有清热解毒、抑菌止
血、减脂瘦身的作用，其中山楂还有活
血化瘀的功效，可以促进血液循环，减
轻下肢瘀血、水肿。本品适宜长时间坐
着办公的人饮用，体质虚寒者不宜饮用。

🌀 私家秘籍
在炎炎夏日，这款茶饮的配方可以加
大米煮粥喝，有清热去湿的效果。

热 量
76千卡

番茄苹果汁 预防便秘

准备　番茄150克，苹果100克，蜂蜜适量。

做法

1 番茄洗净，用开水烫一下，去皮，切丁；苹果洗净，去皮、核，切丁。

2 将上述食材和适量饮用水一起放入榨汁机中搅打均匀，加入蜂蜜调匀即可。

🌸营养课堂🌸

番茄含有维生素C、番茄红素，有健胃消食、增进食欲的功效；苹果富含维生素C、膳食纤维等，两者一起打成汁饮用，可以增进食欲，预防便秘。

热 量
139千卡

西芹菠萝酸奶 清理肠道

准备　西芹50克，菠萝、酸奶各100克，淡盐水适量。

做法

1 菠萝去皮，切小块，放入淡盐水中浸泡15分钟，捞出冲洗一下；西芹择洗干净，切小段。

2 将上述食材倒入榨汁机中，放入酸奶搅打均匀后倒入杯中即可。

🌸营养课堂🌸

芹菜和菠萝均含膳食纤维，可促进肠胃蠕动，帮助消化及排便，能有效改善便秘症状，清理肠道垃圾。

🍊私家秘籍

挑选菠萝时，个体矮胖、尾部叶子绿的甜度高，菠萝表皮的凸起越凸则越甜，皮色黄的成熟度高，适合买回就吃，如果不是立即吃可买有些青的。

黄瓜豆浆 纤体瘦身

热量
211千卡

准备 黄瓜 100 克，黄豆 50 克。

做法

1 黄瓜洗净，切丁；黄豆用清水浸泡 10～12 小时，洗净。

2 将黄豆放入豆浆机中，加水至上、下水位线之间，按下"豆浆"键，煮至豆浆机提示做好。

3 将黄瓜丁、豆浆放入榨汁机中搅打均匀即可。

蜜瓜冰沙 排出体内垃圾

热量
22千卡

准备 黄河蜜瓜 200 克，冰块和薄荷叶各适量。

做法

1 将黄河蜜瓜清洗干净后，去皮和子后切块，备用。

2 将切好的黄河蜜瓜块和冰块放入榨汁机里，搅打成冰沙。

3 装入杯中，装饰上薄荷即可。

🍃 营养课堂 🍃

黄河蜜瓜含有维生素 C 和膳食纤维，做成冰沙食用，能促进肠道蠕动，帮助排出毒素与体内垃圾。

Part 3

提神抗衰
越喝越年轻

热量
45千卡

🍊 **私家秘籍**

番茄中含有番茄红素，打碎对番茄红素的吸收也有益，且生吃番茄时，其中的维生素 C 会吸收得更好。

番茄汁 美白养颜

准备　番茄 300 克，蜂蜜适量。

做法

1 番茄洗净，用开水烫一下，去皮，切小丁。

2 将切好的番茄丁放入榨汁机中，加适量饮用水搅打均匀，加入蜂蜜搅拌均匀即可。

> 🌿 **营养课堂** 🌿
>
> 番茄富含番茄红素，抗氧化性强，打成汁之后更能帮助其吸收。女性常喝番茄汁，能帮助清除自由基，美白，淡化细纹。

葡萄芦笋汁 安神润肠

准备　芦笋 200 克，葡萄 50 克，蜂蜜
　　　适量。

做法

1　葡萄洗净，去子；芦笋洗净，焯熟捞
　　出，切小段。

2　将上述食材倒入榨汁机中，加入适量
　　饮用水，搅打均匀后，加入蜂蜜调味
　　即可。

> ☙ 营养课堂 ☙
> 这道果汁有安神、润肠、抗氧化的功效。

热 量
61千卡

哈密瓜蔬果饮
防止细胞老化

准备　哈密瓜、橙子、生菜各 100 克。

做法

1　哈密瓜去皮和瓤、洗净，切小块；橙
　　子去皮、子，切小块；生菜洗净，
　　切片。

2　将上述食材放入榨汁机中，加入适量
　　饮用水搅打均匀即可。

> ☙ 营养课堂 ☙
> 这道蔬果汁富含维生素 C、膳食纤维等，
> 能有效防止细胞老化，淡化岁月痕迹。

热 量
94千卡

热 量
368千卡

私家秘籍

将火龙果对半切开，在果肉上纵横划上几刀，就可以轻松地取下果肉了。

火龙果营养果汁
清肠排毒

准备　火龙果200克，酸奶300克。

做法

1　将火龙果去皮，切小块。

2　将火龙果块和酸奶一同放入榨汁机中，搅打均匀后倒入杯中即可。

🍃 营养课堂 🍃

火龙果含有膳食纤维，搭配上酸奶榨汁饮用，有清肠排毒、美容养颜的功效。

热 量
101千卡

私家秘籍

紫甘蓝要挑又重又"美"的来榨汁。

紫甘蓝葡萄汁
益气补血，抗皱

准备　紫甘蓝、苹果各100克，葡萄50克。

做法

1　紫甘蓝洗净，撕成小片；苹果洗净，去皮、核，切丁；葡萄洗净，切成两半，去子。

2　将所有食材放入榨汁机中，加适量饮用水搅打均匀即可。

🍃 营养课堂 🍃

紫甘蓝和葡萄中的花青素具有较强的抗氧化能力，还有益气补血、抚平皱纹、预防衰老的功效。

草莓胡萝卜饮 延缓衰老

准备　草莓、胡萝卜、紫甘蓝各100
　　　克，蜂蜜适量。

做法

1 草莓去蒂，洗净，切丁；胡萝卜去皮，
洗净，切丁；紫甘蓝洗净，切片。

2 将上述食材放入榨汁机中，加入适
量饮用水搅打，打好后加入蜂蜜调
匀即可。

热　量
89千卡

> 🍃营养课堂🍃
>
> 草莓和紫甘蓝中富含维生素C及花青素，
> 加上胡萝卜中的胡萝卜素，可以有效抗
> 氧化延缓衰老。

西芹番茄橙汁 润肠抗皱

准备　西芹50克，番茄150克，橙子
　　　100克，蜂蜜适量。

做法

1 西芹洗净，切小段；番茄洗净，去
皮，切小块；橙子去皮，切小块。

2 将上述食材放入榨汁机中，加入适量
饮用水搅打，打好后加入蜂蜜调匀
即可。

热　量
79千卡

> 🍃营养课堂🍃
>
> 西芹富含膳食纤维，能够促进消化和体内
> 废弃物的排泄；橙子含有钾等营养物质，
> 对调节人体新陈代谢大有好处。再加上
> 番茄和蜂蜜，使得这款蔬果汁具有促进
> 新陈代谢，润肠抗皱，防止便秘的功效。

柿子椒菠萝猕猴桃汁

嫩肤，去眼纹

准备　柿子椒 150 克，菠萝、猕猴桃、葡萄各 30 克，淡盐水适量。

做法

1 将菠萝去皮切块，放淡盐水中浸泡 15 分钟，捞出冲洗一下；猕猴桃洗净，去皮，切小块；葡萄洗净，切成两半，去子；柿子椒洗净，去蒂及子，切小块。

2 将上述食材放入榨汁机里，加入适量饮用水，搅打均匀即可。

普通人群每天一杯蔬果汁

普通人在正常饮食的基础上，每天喝一杯蔬果汁即可。都市人的日常饮食中，碳水化合物、蛋白质、脂肪都比较充足，水溶性维生素和微量元素容易缺乏，加一杯蔬果汁可弥补这一不足。特别是那些嗜肉如命、不爱吃蔬果的人，尝试喝一些蔬果汁，营养会更均衡，也会感觉精力更充沛。

◆ 营养课堂 ◆

柿子椒、菠萝含有丰富的维生素和矿物质；猕猴桃有助于延缓皮肤老化；葡萄有补气血的作用，四者结合有延缓眼部皮肤老化、嫩肤的作用。

热量
72千卡

桃花茶 活血防细纹

准备 桃花 6 朵。

做法

　　将桃花放入杯中，冲入沸水，盖盖子闷泡约 3 分钟后饮用。

私家秘籍

有新鲜的桃花，可以将其捣烂，取汁涂于脸部，轻轻按摩片刻后洗净，这是一个比较简单的美容养颜法。

柠檬草茶 减少色素沉着

准备 柠檬草 3 克，蜂蜜适量。

做法

1 将柠檬草放入杯中，冲入沸水，盖盖子闷泡 3~5 分钟。

2 待茶汤温热后调入蜂蜜饮用。

彩椒酸奶 预防皮肤老化

准备　彩椒（红）、酸奶各 100 克。

做法

1 彩椒洗净，去蒂、去子，切小丁。
2 将彩椒丁与酸奶一起放入榨汁机中，加入适量饮用水搅打均匀即可。

🍊 私家秘籍

好看又好吃的彩椒，被很多人误解为转基因蔬菜，事实上彩椒呈现出来的绿、黄、橘、红等颜色是由于不同类型的花青素所致，可以放心吃。

🍃 营养课堂 🍃

彩椒富含辣椒红素，具有很好的抗氧化功效，能够加速脂肪的新陈代谢，促进热量消耗，防止体内脂肪的聚集，同时还能改善面部血液循环，使面色红润。

山药南瓜牛奶蜜汁
健脾，延缓衰老

准备　山 药 100 克，南瓜 150 克，牛奶 200 克，蜂蜜适量。

做法

1 将山药去皮，洗净，切小块，入沸水中煮熟，捞出凉凉备用；南瓜去瓤，洗净，切小块，放入蒸锅中蒸熟，去皮，凉凉备用。
2 将上述食材连同牛奶放入榨汁机中，搅打均匀后调入蜂蜜即可。

🍊 私家秘籍

南瓜去皮不宜削太厚，因为南瓜皮内层中富含胡萝卜素和多种维生素。

🍃 营养课堂 🍃

此款饮品具有抗氧化，延缓皮肤衰老的功效。

圣女果草莓酸奶
润肠通便

准备　圣女果 200 克，草莓 100 克，酸奶 300 克，蜂蜜适量。

做法

1　圣女果去蒂、洗净，切小块；草莓洗净，去蒂，切小块。

2　将圣女果块、草莓块和酸奶放入榨汁机中搅打均匀，加入蜂蜜调匀即可。

热量
340千卡

🍃 营养课堂 🍃

圣女果含有丰富的番茄红素，能有效清除体内自由基，抗氧化的作用非常强，可帮助我们保持青春活力。草莓富含维生素 C，可使肌肤细腻，有光泽；酸奶可以促进肠道健康，帮助排出体内毒素。

四白饮　清热除烦

准备　白菜、雪梨、莲藕各 100 克，鲜百合 10 克，蜂蜜适量。

做法

1　白菜洗净，切碎；鲜百合掰开，洗净；雪梨洗净，去皮、核，切小丁；莲藕洗净，去皮，切小丁。

2　将上述食材放入榨汁机中，加入适量饮用水搅打，打好后加入蜂蜜调匀即可。

热量
163千卡

🍊 私家秘籍

雪梨性偏寒，脾胃虚寒、畏冷者应少吃，以免伤脾胃。

Part 4

补肾护发
美丽从"头"开始

热量
168千卡

桑葚黑加仑汁 乌发亮发

准备 桑葚、葡萄、黑加仑各100克。

做法

1 桑葚洗净；葡萄洗净，切成两半，去子；黑加仑洗净。

2 将上述食材一起放入榨汁机，加入适量饮用水，搅打均匀即可。

🍃 **营养课堂** 🍃

中医认为黑色入肾经，科学研究也证明，桑葚中的乌发素能使头发变得更加柔顺亮泽。搭配上黑紫色的葡萄和黑加仑榨汁，养肾乌发的功效更能加倍。

🍊 **私家秘籍**

除了榨汁，桑葚还可以与黑豆、红枣搭配做粥，能提供使头发变黑的黑色素及营养物质。

山药黄瓜汁 补肾固发

准备 山药 100 克，黄瓜 50 克，柠檬 30 克，蜂蜜适量。

做法

1 山药洗净，连皮蒸 20 分钟至熟，取出去皮，切块；黄瓜洗净，切小块；柠檬洗净，去皮、子，切小块。

2 将上述食材一同放入榨汁机中，加入适量饮用水，搅打均匀后倒入杯中，加蜂蜜搅匀即可。

> ♪ 营养课堂 ♪
>
> 此款蔬果汁可健脾胃、补虚损、固肾气，能补肾固发。

热量
76千卡

菠菜草莓葡萄汁
滋阴润发

准备 草莓、葡萄各 50 克，菠菜 100 克。

做法

1 菠菜洗净，焯水，切段；葡萄洗净，切成两半，去子；草莓去蒂，洗净，切小块。

2 将上述食材放入榨汁机中，加入适量饮用水，搅打均匀后倒入杯中即可。

> ♪ 营养课堂 ♪
>
> 中医认为，头发与人的肾气和肝血关系密切，菠菜能养肝明目，葡萄有益肝肾，搭配做蔬果汁，能滋阴润发。

热量
67千卡

热量
168千卡

私家秘籍

挑选带壳桂圆时，以颗粒较大、壳色黄褐、壳面光洁的为佳。

桂圆胡萝卜芝麻汁
生发，防脱发

准备　桂圆150克，胡萝卜100克，熟黑芝麻5克，蜂蜜适量。

做法

1 桂圆洗净，去皮、核；胡萝卜洗净，切丁；熟黑芝麻碾碎。

2 将上述食材一起放入榨汁机中，加入适量饮用水，搅打均匀后加入蜂蜜调匀即可。

🌱 营养课堂 🌱

桂圆可补肾，促进毛发生长；胡萝卜可益气养肾、乌发抗衰，和黑芝麻搭配，有补肾养精、乌发秀发的功效。

热量
140千卡

私家秘籍

丑橘最好选择表皮细腻些的，因为这样的里面的粗纤维会少一些，口感比较软糯，适合来榨汁。

丑橘杨桃汁
让秀发更有弹性

准备　丑橘160克，杨桃100克，猕猴桃60克。

做法

1 丑橘剥去果皮，去子；猕猴桃洗净，去皮，切小块；杨桃洗净，切小块。

2 将上述食材放入榨汁机中，加入适量饮用水，搅打均匀即可。

🌱 营养课堂 🌱

这几种水果中都富含多种维生素和果酸，能滋养头发，让头发更具弹性。

果汁达人进阶课

给果汁加点料，味道更好喝

为了使蔬果汁的味道更好可以加入适量辅料，除了调节味道外，还能增加营养、改善皮肤。蔬果汁常用的辅料有以下几种：

1. 添加蜂蜜到蔬果汁里，甜甜的口感让蔬果汁味道更好。
2. 加入少许柠檬汁，能够显著改善蔬果汁的味道，还能有助于保护蔬果汁中的色泽和营养，避免被氧化。
3. 把牛奶加入到蔬果汁中，能让蔬果汁更香浓。
4. 蔬果汁中加点坚果，营养和口味会更丰富。

❀ 营养课堂 ❀

红薯营养丰富，富含多种维生素以及铁、钾、硒等矿物质，可以补充头发生长所需营养，与香蕉一同榨汁，对营养缺乏引起的白发有防治效果。

香蕉红薯杏仁汁 给头发补充营养

准备 香蕉 200 克，红薯 150 克，杏仁 5 克。

做法

1 将红薯洗净，去皮，切小块，放入锅中蒸熟，凉凉备用；香蕉去皮，切小段；将杏仁洗净，切碎。

2 将香蕉段、熟红薯块倒入榨汁机中，加少量饮用水搅打均匀，撒上杏仁碎即可。

热 量
296千卡

🍊 私家秘籍

挑选红薯时，不要挑滚圆的，长条形的味道更好些，另外，外皮要选择红色的，口感会更好。

迷迭香柠檬茶 预防脱发

准备 迷迭香 5 克，玫瑰花 4 朵，柠檬 1 片。

做法

1 将所有食材一起放入杯中，冲入沸水。

2 盖盖子闷泡约 3 分钟后饮用。

热量
312千卡

黑芝麻核桃饮 乌发养发

准备 黑芝麻 50 克，核桃仁 5 克，蜂蜜适量。

做法

1 将黑芝麻炒香，与核桃仁一起研末。

2 将黑芝麻末、核桃仁末放杯中，冲入沸水，待温热后，调入蜂蜜即可。

桑葚女贞子茶 养发生发

准备 干桑葚 6 克，女贞子、旱莲草各 3 克。

做法

1 将所有食材一起放入杯中，冲入沸水。

2 盖盖子闷泡约 8 分钟后饮用。

桑葚葡萄乌梅汁 补肾益肾

热 量
212千卡

准备　桑葚、葡萄各100克，乌梅50克，蜂蜜适量。

做法

1 桑葚洗净；葡萄洗净，切成两半，去子；乌梅洗净，去核，切碎。

2 将上述食材放入榨汁机中，加入适量饮用水搅打均匀，加入蜂蜜调匀即可。

🥄 营养课堂 🥄

这款饮品使用3种黑色水果榨汁而成，富含花青素、维生素C等多种营养素，有补肾益肾的功效。

无花果腰果牛奶冰沙
补肾健脾

热 量
237千卡

准备　无花果50克（2个），腰果、牛奶各30克，冰块适量。

做法

1 无花果清洗干净后切块备用。

2 将无花果、腰果和牛奶、冰块放入榨汁机中，搅打成冰沙即可。

🥄 营养课堂 🥄

无花果有健脾养胃的功效，适宜消化不良、食欲不振者食用。牛奶和腰果有补肾健脾的功效。

🍋 私家秘籍

优质的腰果摸起来不粘手，闻起来有淡淡香味，看起来色泽白且饱满、无蛀虫、霉斑，形状像弯弯的月牙。购买时要挑完整的腰果，不要选碎小的。

Part

5

养肝明目
不易老 少生病

热 量
185千卡

莓桑黑加仑汁
保护视网膜

准备 草莓、覆盆子、桑葚、黑加仑各
100克。

做法

1 覆盆子、黑加仑、桑葚洗净；草莓洗
净，去蒂，切小块。

2 留几个覆盆子作为点缀，其余的所有
食材一起放入榨汁机中，加适量饮
用水，搅打均匀后倒入杯中即可。

🍊 **私家秘籍**

覆盆子等浆果接触过水之后容易变
质。所以刚刚买回来的覆盆子，如果
不打算马上吃，请不要清洗，放在冰
箱里可以保存3天左右。

> 🌿 **营养课堂** 🌿
>
> 这款果汁含有花青素，具有很好的抗氧化
> 作用，可以保护视网膜，缓解视疲劳。

萝卜番茄汁 保护肝细胞

准备 白萝卜100克，番茄200克。

做法

1 将白萝卜洗净，去皮，切小丁；番茄洗净，去皮，切丁。

2 将上述食材放入榨汁机中，加入适量饮用水搅打均匀即可。

> ♪ 营养课堂 ♪
>
> 此款饮品帮助分解脂肪，保护肝细胞。白萝卜含有丰富的膳食纤维和芥子油成分，可帮助体内脂肪分解；番茄含有维生素C、番茄红素等成分，而且热量低，口味好。

热量 46千卡

胡萝卜菠萝汁 保护眼睛

准备 胡萝卜150克，菠萝100克，冰糖、淡盐水各适量。

做法

1 胡萝卜洗净，切丁；菠萝去皮，切小块，放入淡盐水中浸泡15分钟后，捞出冲洗一下。

2 将上述食材和适量饮用水一起放入榨汁机中搅打均匀，加入冰糖调匀即可。

> ♪ 营养课堂 ♪
>
> 胡萝卜有"小人参"之称，含有 β - 胡萝卜素，搭配菠萝榨汁，可增强视网膜的感光力。

热量 92千卡

热量
77千卡

番茄橘子柠檬汁
护眼，防辐射

准备　番茄150克，橘子100克，柠檬25克，冰糖适量。

做法

1 番茄洗净，用开水烫一下，去皮，切丁；橘子去皮，分瓣，除子，切块；柠檬洗净，去皮、子，切小块。

2 将上述食材和适量饮用水一起放入榨汁机中搅打均匀，加入冰糖调匀即可。

🌱 营养课堂 🌱

番茄富含抗氧化剂番茄红素和维生素C，可保护肌肤，防止皮肤老化，搭配橘子，具有防辐射、保护眼睛的作用。

热量
466千卡

香蕉玉米芒果汁
延缓眼睛老化

准备　香蕉80克，玉米粒100克，芒果200克。

做法

1 玉米粒洗净，焯熟；香蕉去皮，切小段；芒果洗净，去皮和核，留下果肉。

2 将上述食材放入榨汁机中，加入适量饮用水搅打均匀，倒入杯中即可。

🌱 营养课堂 🌱

香蕉可以缓解眼部的疲劳，而且能避免眼睛提前衰老；玉米可以预防黄斑性病变的发生；芒果香味浓郁，可促进食欲。三者结合对延缓眼睛的老化有一定帮助。

香橙胡萝卜汁 保护视力

准备　橙子 150 克，胡萝卜 100 克，冰糖适量。

做法

1 橙子去皮、子，切丁；胡萝卜洗净，切丁。
2 将上述食材放入榨汁机中，加入适量饮用水搅打均匀，加入冰糖调匀即可。

🥄 营养课堂 🥄

胡萝卜中富含胡萝卜素；橙子含有玉米黄素、叶黄素等植物营养素，能保护视力，让眼睛更明亮，十分适合用眼多的人食用。

热　量
104千卡

私家秘籍

如果橙子的脐是一个圆圈，会比较甜，如果脐是尖尖的，则会较酸。

玉米香瓜汁 保护视网膜

准备　香瓜 150 克，玉米粒 50 克，蜂蜜适量。

做法

1 香瓜洗净，去皮、瓤，切小块；玉米粒洗净，焯熟。
2 将香瓜块与玉米粒放入榨汁机中，加适量饮用水搅打均匀，倒入杯中，加入蜂蜜调味即可。

🥄 营养课堂 🥄

玉米的营养成分十分全面，特别是叶黄素和玉米黄素具有很好的抗氧化作用，可以有效吸收进入眼睛内的有害物质，保护视网膜黄斑的健康。

热　量
203千卡

热量
87千卡

私家秘籍

菠菜以菜梗红短、叶子新鲜、叶片厚、有弹性且没有变色的为佳。菠菜买回来后最好清洗并装进保鲜袋，放进冰箱冷藏。

菠菜葡萄汁 缓解视疲劳

准备 葡萄 100 克，菠菜 150 克，面粉 5 克。

做法

1 用面粉将葡萄洗净；菠菜洗净焯水，切段。

2 将处理好的葡萄和菠菜一起放入榨汁机中，加入饮用水，搅打均匀即可。

🍃 营养课堂 🍃

菠菜是叶黄素的最佳来源之一，而叶黄素可促进视网膜细胞中视紫质的再生成，预防近视及视网膜剥离。葡萄富含果糖，能补充热量。二者搭配可以保护眼睛，缓解视疲劳。

热量
73千卡

私家秘籍

桑葚要选择果实颗粒饱满、颜色紫黑深红色的，红色和发青的口感不佳。

桑葚葡萄汁 保护视力

准备 桑葚 40 克，葡萄 75 克，胡萝卜 50 克。

做法

1 桑葚洗净；葡萄洗净，切成两半，去子；胡萝卜洗净，切丁。

2 将所有食材放入榨汁机中，加适量饮用水，搅打均匀即可。

🍃 营养课堂 🍃

桑葚和葡萄所含的花青素等营养成分，不仅能够维护正常视力，还可保护血管健康。

番石榴牛奶　有益眼睛健康

准备　番石榴、牛奶各 200 克，蜂蜜适量。

做法

1 番石榴去皮、子，切小块。

2 将番石榴块、牛奶一起放入榨汁机中搅打均匀，打好后加入蜂蜜调匀即可。

☙ 营养课堂 ❧

番石榴含有较多维生素 C 和膳食纤维，对维护眼睛晶状体健康有益，可保护视力。牛奶含有钙、磷、铁、锌、蛋白质等，有益于眼睛健康。

热　量
236千卡

私家秘籍

番石榴汁多味美，在 5~10℃的环境中，可以保存大约 20 天。但是如果温度太低，尤其是低于 5℃的，则会因低温而引起果肉腐烂。

蓝莓酸奶蜂蜜冰沙
润肠，保护视力

准备　蓝莓 80 克，酸奶 150 克，蜂蜜、冰块各适量。

做法

1 将蓝莓洗净后倒入榨汁机中，加入酸奶和冰块，将其搅打成冰沙。

2 将冰沙放入杯中，加入蜂蜜即可。

☙ 营养课堂 ❧

蓝莓中富含花青素，对眼睛有益。这款冰沙不仅消暑，还能保护你的眼睛。

热　量
175千卡

Part 6

润肺清咽
不怕雾霾咳喘少

热量
347千卡

私家秘籍
在此款蔬果汁中加入莲藕和芦根，还可用于病毒性肺炎的辅助食疗。

荸荠生菜雪梨汁
润肺止咳

准备 荸荠300克，雪梨200克，生菜50克，蜂蜜适量。

做法
1 荸荠洗净，去皮，切小块；雪梨洗净，去皮、核，切丁；生菜择洗干净，切片。
2 将上述食材倒入榨汁机中，倒入少量饮用水搅打均匀，加蜂蜜调味即可。

🍋 营养课堂 🍋

荸荠可以清热生津、化湿祛痰；雪梨有滋阴润肺，保护肺脏的功效；生菜可促进人体吸收，调节免疫力。

橘柚生菜汁
化痰止咳、润肺生津

热 量
90千卡

准备　橘子、葡萄柚、生菜各 100 克，
　　　蜂蜜适量。

做法

1 葡萄柚去皮、去子，切小块；橘子去皮、
　去子，切小块；生菜洗净，切小块。
2 将上述食材放入榨汁机中，加入适量
　饮用水搅打，打好后调入蜂蜜即可。

◢ 营养课堂 ◣

中医认为，橘子有生津止渴、润肺化痰
的作用，葡萄柚有化痰止咳的作用，搭
配上水分含量多的生菜榨汁，有助于化
痰止咳、润肺生津。

西瓜香蕉汁
清热降火，润肺化痰

热 量
117千卡

准备　西瓜、香蕉各 100 克。

做法

1 用勺子将西瓜的瓜瓤挖出，去子；香
　蕉去皮，切小段。
2 将西瓜块和香蕉段放入榨汁机中搅打
　均匀即可。

◢ 营养课堂 ◣

西瓜（清热降火、润肺化痰）+ 香蕉（清
热止咳、清胃凉血）= 降肺火。夏季饮
用西瓜香蕉汁，可以消暑降火。但西瓜
和香蕉性寒，所以脾胃虚寒的人不宜经
常饮用这款果汁。

热量
87千卡

萝卜莲藕汁 养阴生津

准备　白萝卜 100 克，莲藕 150 克，冰糖适量。

做法

1 白萝卜和莲藕洗净后，去皮切块。

2 将切好的白萝卜块、莲藕块一同放入榨汁机中，加入适量饮用水搅打均匀后倒入杯中，加入冰糖调匀即可。

🍃 营养课堂 🍃

莲藕、白萝卜可以润肺止咳、止渴；冰糖可养阴生津，缓解肺燥咳嗽。

热量
59千卡

百合圆白菜汁 清肺热

准备　鲜百合 30 克，圆白菜 40 克，蜂蜜适量。

做法

1 鲜百合掰开，洗净；圆白菜洗净，切碎。

2 将上述食材一同放入榨汁机中，加适量饮用水搅打。

3 搅打均匀后，根据个人口味，在蔬果汁中加适量蜂蜜调味即可。

🍊 私家秘籍

优质圆白菜球形完整，结球紧密，底部坚硬，叶片新鲜，不萎缩，无腐烂等硬伤。

🍃 营养课堂 🍃

百合有润肺止咳的功效，圆白菜也有很好的保护肺功能的作用，这款蔬果汁适合肺热的人饮用。

雪梨汁 清热生津

准备　雪梨300克。

做法

1. 雪梨洗净，去皮、核，切小丁。
2. 将雪梨丁放入榨汁机中，加入适量饮用水，搅打均匀后倒入杯中即可。

🍃营养课堂🍃

雪梨可生津润燥，清热化痰，润肺止咳，对急性气管炎和上呼吸道感染引起的咽喉干痛等症状有缓解作用。

热量
237千卡

私家秘籍

将雪梨洗净，从顶部切开，去核，加入冰糖，泡好的百合和银耳，再加适量清水隔水蒸熟，可滋阴润肺止咳，对缓解久咳咽干有益。

糯米百合藕汁 润肺止咳

准备　莲藕30克，糯米20克，百合5克，冰糖适量。

做法

1. 糯米淘洗干净，用清水浸泡2小时，煮熟备用；百合用清水泡发，择洗干净；莲藕去皮，洗净，切碎。
2. 把上述食材一同倒入豆浆机中，加水至上、下水位线之间煮至豆浆机提示做好，加冰糖搅拌至化开即可。

🍃营养课堂🍃

秋天燥咳的人，可吃莲藕润肺止咳；百合具有润肺止咳的功效，对肺热干咳、痰中带血等有辅助调养作用。

热量
101千卡

百合枇杷叶茶 养阴润肺

准备 鲜百合、枇杷叶各 15 克。

做法

将所有食材一起放入杯中，冲入沸水，盖盖子闷泡约 8 分钟后饮用。

> **营养课堂**
>
> 百合可润肺止咳、清热解毒；枇杷叶则具有清肺和胃、降气化痰的功效。两者合用，具有养阴润肺、止呕吐的功效。适宜肺热痰多、咳嗽呕吐者饮用。

私家秘籍

处理鲜百合，可以撕掉表面的一层膜，然后用冷水或冰糖水浸泡 1~2 小时，这样苦味会淡一些。

杏仁桂花茶 润肺化痰

准备 南杏仁 10 克，桂花 2 克。

做法

将所有食材一起放入杯中，冲入沸水，盖盖子闷泡约 10 分钟后饮用。

> **营养课堂**
>
> 这款茶饮非常适合秋季饮用。南杏仁有润燥补肺、镇咳化痰、滋养肌肤的作用；桂花可以散寒破结、化痰止咳。本饮品适宜咳喘痰多、声音沙哑者饮用。产妇、实热体质者、腹泻者、阴虚咳嗽者不宜饮用。

私家秘籍

杏仁有南（甜）杏仁和北（苦）杏仁之分，甜杏仁可以作为休闲小食品食用；苦杏仁一般用来入药，有小毒，不能多吃。

款冬花紫菀绿茶
润肺止咳

准备 款冬花 6 朵，干紫菀 3 克，绿茶适量。

做法

将所有食材一起放入杯中，冲入 80～85℃ 的热水，盖盖子闷泡约 5 分钟后饮用。

> **🍃 营养课堂 🍃**
>
> 款冬花含有款冬二醇、蒲公英黄色素以及鞣质和挥发油等成分，能起到镇咳、缓解支气管痉挛等作用，经常饮用能润肺、调理呼吸系统，适宜因肺寒导致的久咳不愈者饮用。肺热、阴虚劳咳的人不宜饮用本饮品。

南瓜蜂蜜牛奶冰沙
润肺利咽

准备 南瓜 150 克，脱脂牛奶 200 克，蜂蜜适量。

做法

1 南瓜洗净，去瓤，切块，蒸熟后，去皮，凉凉备用。
2 将准备好的熟南瓜块、脱脂牛奶放入榨汁机中搅打均匀，淋上蜂蜜即可。

> **🍃 营养课堂 🍃**
>
> 中医认为，南瓜有化痰、补中益气的作用，搭配上能润肺止咳的蜂蜜做成冰沙，有润肺利咽的作用。

热量
103千卡

健脾养胃
吃得下睡得香

热量
227千卡

山楂鲜枣汁
健脾益胃，促进消化

准备 鲜枣、山楂各100克，冰糖适量。

做法

1 山楂洗净，去子；鲜枣洗净，去核。

2 将上述食材一同放入榨汁机中，加入
适量饮用水搅打均匀后倒入杯中，加
入冰糖调匀即可。

✿ 营养课堂 ✿

山楂中含有的解脂酶能促进脂肪类食物
的消化，可促进胃液分泌，达到消食化
滞、健脾益胃的功效。

☀ 私家秘籍

处理山楂时，可以在山楂的中间位置
轻轻切下去，感到切到中间的果核时，
就沿着果核划一圈。然后用刀向上用
力顶一下，山楂就一分为二了。

红枣高粱汁 健脾养胃

准备　高粱米 60 克，鲜枣 10 克。

做法

1 高粱米洗净，用清水浸泡 2 小时；鲜枣洗净，去核，切碎。

2 将上述食材倒入豆浆机中，加水至上、下水位线之间，按下"五谷"键，煮至豆浆机提示做好即可。

> 🍃 营养课堂 🍃
>
> 高粱米可以补充碳水化合物，搭配鲜枣一同食用，可以健脾养胃。

热 量
229千卡

桂圆山药汁
滋养脾胃，安眠

准备　桂圆、山药各 100 克，蜂蜜适量。

做法

1 桂圆洗净，去皮和核；山药洗净、去皮，切小块，入沸水中煮熟，捞出，凉凉备用。

2 将上述食材和适量饮用水一起放入榨汁机中搅打均匀，打好后加入蜂蜜调匀即可。

> 🍃 营养课堂 🍃
>
> 这道蔬果汁可益脾开胃、补心安神、养血壮阳、强肾固精，非常适合中青年男性饮用。

热 量
128千卡

枇杷橘皮汁
健脾和肺，止咳化痰

准备　枇杷 100 克，鲜橘皮 20 克，蜂蜜适量。

做法

1 将枇杷洗净，去皮、核，切块；鲜橘皮撕成小块。

2 将枇杷块、鲜橘皮块放在榨汁机中，加适量水进行榨汁，榨好后倒入杯中，加入蜂蜜搅匀即可。

🍋 私家秘籍

一般成熟的枇杷皮比较好剥，若果皮比较硬，可以拿一个小勺从头到尾刮一下，果皮变软后，拔掉上面的把儿就可以轻松去皮了。

🥄 营养课堂 🥄

中医认为枇杷具有润肺、止咳、化痰的功效；橘皮可理气燥湿、化痰止咳、健脾和胃，二者搭配榨汁，可止咳化痰，平喘。

胡萝卜菠菜雪梨汁
除肝火，健脾胃

准备　胡萝卜、雪梨各 50 克，苹果 25 克，菠菜 100 克，柠檬 30 克，蜂蜜适量。

做法

1 胡萝卜洗净，切小段；菠菜焯水后过凉，然后切小段；雪梨、苹果洗净，去皮、核，切块；柠檬去皮、子，切块。

2 将上述食材倒入榨汁机中加适量饮用水搅打均匀，加入蜂蜜搅匀即可。

🍋 私家秘籍

胡萝卜要选择色泽鲜嫩、匀称直溜，有厚重感的。用手掐一掐，水分较充足就可以选来榨汁了。

🥄 营养课堂 🥄

胡萝卜被誉为调理脾胃的"小人参"；菠菜有通肠胃的作用。二者搭配雪梨榨汁，有健脾胃的作用。

茉莉桂花茶 醒脾暖胃

准备　茉莉花 3 克，桂花 2 克。

做法

　　将所有食材一起放入杯中，冲入沸水，盖盖子闷泡 3~5 分钟后饮用。

✿营养课堂✿

茉莉花可开郁和胃、醒脾健胃；桂花可促进血液循环、通经活络、散寒暖胃。本品适宜胃寒胃胀者饮用，但甲亢患者不宜饮用。

私家秘籍

桂花还可以与红茶一起冲泡，适合胃肠蠕动不佳的人饮用。

陈皮红茶 理气和胃

准备　陈皮 15 克，红茶、红糖各适量。

做法

　　将陈皮、红茶一起放入杯中，冲入 80~85℃的热水，盖盖子闷泡约 5 分钟后，调入红糖饮用。

✿营养课堂✿

陈皮辛散通温，气味芳香，所含挥发油对胃肠道有温和的刺激作用，可促进消化液分泌、排出肠管内积气，有理气和胃的功效；红茶可以调理肠胃；红糖有暖胃的作用。适宜脾胃虚弱、食欲不佳、消化不良、脘腹胀痛、大便泄泻者饮用。

私家秘籍

好的陈皮颜色偏深，闻起来有清香味，尝起来发甜，摸起来硬度高。

热 量
187千卡

私家秘籍

一般来说，同一品种的山药，须毛越多的营养越好。

山药蜜奶 健脾胃，润肠道

准备 山药100克，牛奶200克，蜂蜜适量。

做法

1 山药去皮、洗净、切丁，入沸水中焯烫熟，然后捞出凉凉备用。

2 将山药丁、牛奶一起放入榨汁机中搅打均匀，倒入杯中加入蜂蜜调匀即可。

营养课堂

山药可帮助健脾除湿、补气益肺、固肾益精、润泽肌肤、改善更年期不适症状。与牛奶结合，有很好的健脾胃、润肠道的效果。

热 量
216千卡

私家秘籍

先将菠萝对半切开，再对切一次，把中间比较硬的芯片下来。然后沿着菠萝皮横向切下，这样果肉和果皮就分离了，切小块即可。

菠萝酸奶 开胃，助消化

准备 菠萝100克，酸奶200克，淡盐水、蜂蜜各适量。

做法

1 菠萝去皮，切小块，入淡盐水浸泡15分钟，捞出冲洗一下。

2 将菠萝块倒入榨汁机中，加入酸奶搅打均匀后倒入杯中，加蜂蜜拌匀即可。

营养课堂

酸奶可健脾胃，增加肠道益生菌；菠萝有清胃解渴、补脾止泻的功效。两者榨汁饮用，可开胃助消化。

香蕉苹果牛奶
开胃，补充矿物质

准备 香蕉 50 克，苹果 100 克，牛奶 200 克，蜂蜜适量。

做法

1 香蕉去皮，切小块；苹果洗净，去皮、核，切小块。

2 将上述食材和牛奶一起放入榨汁机中搅打均匀，打好后加入蜂蜜调匀即可。

❧ 营养课堂 ❧

牛奶含有丰富的钙，搭配含镁丰富的香蕉与维生素含量丰富的苹果，适合平时挑食、胃口不佳的青少年早餐时饮用。

热量
226千卡

私家秘籍

苹果洗净，切小块，隔水蒸熟，对调理腹泻效果很好。

南瓜牛奶
补气，养胃，安眠

准备 南瓜 100 克，牛奶 200 克，蜂蜜适量。

做法

1 南瓜洗净，去子，切小块，放入蒸锅中蒸熟，去皮。

2 将熟南瓜块、牛奶一起放入榨汁机中搅打均匀，果汁打好后调入蜂蜜即可。

❧ 营养课堂 ❧

牛奶中含有色氨酸、B 族维生素，可以有效促进睡眠，再搭配口感绵软的南瓜可以缓解失眠。此蔬果汁还具有排毒作用。

热量
153千卡

私家秘籍

尽量选择瓜蒂坚硬完好的南瓜，而且长把的南瓜更面、更甜，口感更好。

热量
183千卡

私家秘籍

首先用刀对半切开木瓜，然后用汤匙将子刮除，接下来用刀去掉果皮，切丁即可。木瓜最好现买现吃，不宜冷藏。

木瓜香橙牛奶
温补脾胃，助消化

准备　木瓜100克，橙子50克，牛奶200克。

做法

1 木瓜、橙子分别清洗干净，去皮、子，切小块。

2 将木瓜块、橙子块、牛奶一起放入榨汁机中，搅打均匀即可。

✿ 营养课堂 ✿

此款饮品可养胃、润肺、助消化，特别适合脾胃功能弱的人。

热量
237千卡

桂圆牛奶　安神，助消化

准备　桂圆150克，牛奶200克。

做法

1 桂圆洗净，去皮和核。

2 将桂圆肉和牛奶一起放入榨汁机中搅打均匀即可。

✿ 营养课堂 ✿

这道蔬果汁具有补血安神、促进消化、补钙的效果，有助于改善更年期常见的失眠、健忘、眩晕、缺钙等病症。

番茄柠檬牛奶冰沙
生津健胃

准备 番茄 100 克，柠檬 30 克，牛奶
200 克，冰块适量。

做法

1 番茄洗净，去皮、蒂，切小块；柠檬
去皮、子，切块。

2 将所有食材放入榨汁机中，搅打均匀
即可。

🍃 营养课堂 🍃

柠檬味道清新，且富含维生素 C，能美
白肌肤、开胃消食。

热 量
156千卡

🍋 私家秘籍

在制作一些苦味或涩味较重的蔬果汁
时，加入少许柠檬，能很好地缓解
味道。

苹果肉桂芝士冰沙
促排便

准备 苹果 200 克，肉桂粉 5 克，芝
士 15 克，冰块适量。

做法

1 苹果洗净，去皮、核，切小块。

2 把切好的苹果块、芝士和一部分肉桂
粉、冰块倒入榨汁机。

3 搅打成冰沙后撒上一些肉桂粉即可。

🍃 营养课堂 🍃

苹果富含膳食纤维，可以帮助清除体内
的垃圾。肉桂粉有暖胃的功效。

热 量
153千卡

🍋 私家秘籍

传言说，"晚上毒苹果"，这完全是没
根据的。只要吃进东西，消化系统就
开始运作，并不受早晚的影响。大家
可根据就餐和作息时间来决定什么时
候吃苹果。

Part 8

调节免疫力
喝出抗病力

热量
112千卡

橙子葡萄柠檬汁
帮助抵御感冒病毒

准备　橙子、葡萄各100克，柠檬
　　　50克。

做法

1 橙子去皮，切小块；葡萄洗净，切
　对半，去子；柠檬去皮、去子，切
　小块。

2 将上述食材放入榨汁机中，加入适量
　饮用水搅打均匀即可。

🥄 营养课堂 🥄

橙子和柠檬均富含维生素C，加上有抗
氧化功效的葡萄，有助于抵御感冒病毒。

草莓葡萄柚酸奶

增强细胞活力

热量
237千卡

准备　草莓 80 克，葡萄柚 120 克，酸奶 200 克，蜂蜜适量。

做法

1 草莓去蒂，洗净，切块；葡萄柚去皮、子，切小块。

2 将上述食材和酸奶一同放入榨汁机中，搅打均匀后倒入杯中，加蜂蜜调匀即可。

> ♪营养课堂♪
>
> 草莓、葡萄柚和酸奶搭配做饮品，富含蛋白质、维生素 C，对增强细胞活力有一定帮助。

维 C 甜橙汁

帮助调节免疫

热量
120千卡

准备　橙子 250 克，碎冰、柠檬汁各适量。

做法

1 橙子去皮、子，切块。

2 将橙子块和碎冰一同放入榨汁机中，加入适量饮用水搅打均匀后倒入杯中，加柠檬汁调味即可。

> ♪营养课堂♪
>
> 橙子含有大量维生素 C，能调节身体免疫力，对抑制致癌物质的形成、软化和保护血管、促进血液循环、降低胆固醇和血脂有帮助。

🍊 **私家秘籍**

维生素 C 不稳定，在空气中容易被氧化。橙子、柠檬中维生素 C 含量丰富，鲜橙汁最好现榨现喝。

热 量
158千卡

菠菜牛奶
有助提高人体抵抗力

准备　菠菜 100 克，牛奶 200 克。

做法

1　菠菜洗净、去根，放入沸水中迅速焯一下，捞出凉凉，切段。

2　将菠菜连同牛奶一起放入榨汁机中，搅打均匀即可。

🍃 营养课堂 🍃

菠菜含有 B 族维生素，可促进人体代谢、提高细胞功能，搭配上富含蛋白质的牛奶榨汁，能提高人体的抵抗力。

热 量
92千卡

菠萝香橙汁
有助增加吞噬细胞

准备　橙子、菠萝各 100 克，淡盐水适量。

做法

1　将橙子去皮，切小块；菠萝去皮，切小块，放淡盐水中浸泡约 15 分钟，捞出冲洗一下。

2　将上述食材放入榨汁机中，加入适量饮用水搅打均匀即可。

🍃 营养课堂 🍃

菠萝和橙子都富含维生素 C，搭配榨汁，能促进吞噬细胞的吞噬作用，辅助人体的免疫系统构筑防线。

🍊 私家秘籍

挑选淡黄色或亮黄色、果香味浓重的菠萝，其营养更丰富。另外菠萝不宜放入冰箱冷藏，否则会影响口味。

柠檬红豆薏米汁
缓解感冒症状

准备　薏米 60 克，红豆、陈皮、柠檬片各 10 克，冰糖适量。

做法

1 红豆淘洗干净，用清水浸泡 4 小时；薏米淘洗干净，用清水浸泡 2 小时；陈皮、柠檬片切碎。

2 将上述食材倒入豆浆机中，加水至上、下水位线之间，按下"五谷"键，煮至豆浆机提示做好，过滤后加冰糖搅拌至化开即可。

热　量
249千卡

私家秘籍

如果不喜欢陈皮和柠檬片的味道，可以适量多加些冰糖调和口味。

杨桃金橘果橙汁
适合感冒者

准备　杨桃 50 克，金橘、橙子各 80 克，苹果 60 克，蜂蜜适量。

做法

1 杨桃削去边，洗净，切小块；金橘洗净，切半去子；橙子去皮、子，切块；苹果洗净，去皮、核，切小块。

2 将上述食材倒入榨汁机中，加入适量饮用水搅打均匀，加入蜂蜜搅匀即可。

热　量
132千卡

营养课堂

以上几种水果搭配起来榨汁，可保护气管，生津止咳，润肺化痰，缓解咳嗽症状。对于咽喉肿痛、声音沙哑等症状也有良好疗效，适合感冒患者饮用。

玉米土豆牛奶
有助提高身体抗病能力

准备　玉米粒 100 克，牛奶 200 克，土豆 50 克。

做法

1 玉米粒洗净，焯熟；土豆削皮，洗净，切小丁，放入沸水中焯熟，凉凉备用。

2 将玉米粒、土豆丁、牛奶放入榨汁机中搅打均匀即可。

> 🍃 营养课堂 🍃
>
> 土豆含淀粉、果胶等，玉米含黄体素、玉米黄素等，牛奶富含钙质，三者搭配榨汁，有助于增强身体抗病能力。

苹果莲藕汁 　抗感冒

准备　苹果 180 克，莲藕 100 克，蜂蜜适量。

做法

1 苹果洗净，去皮、去核，切小块；莲藕洗净，切小块。

2 将上述食材放入榨汁机中，加入饮用水搅打均匀，倒入杯中，加入蜂蜜调匀即可。

🍋 私家秘籍

新鲜未经漂白的莲藕表面干燥，表皮微微发黄，断开的地方会闻到一股清香味，吃起来带有甜味。

> 🍃 营养课堂 🍃
>
> 苹果含维生素 C、果酸等，可调节身体免疫力，同时补充因进食不足而缺乏的营养。莲藕含有丰富的维生素 C、矿物质等，有止咳、退烧、平喘的作用，还能缓解感冒症状。

芒果牛奶
补充体力，缓解疲劳

准备　芒果 100 克，香蕉 50 克，牛奶 200 克。

做法

1 芒果去皮、核，切小块；香蕉去皮，切小块。

2 将上述食材同牛奶一同放入榨汁机中，搅打均匀后倒入杯中即可。

🍃营养课堂🍃

此款饮品蛋白质和碳水化合物含量丰富，可补充体力、强健骨骼、缓解疲劳。还能快速补充热量，适合体力劳动者在消耗大量体力后补充营养。

热　量
208千卡

私家秘籍

芒果洗净，竖起来，贴着果核的部位进刀，即可切下两边。将切下来的两片果肉，分别纵横划几道，方便食用。

南瓜柚子牛奶　预防感冒

准备　南瓜 80 克，柚子 100 克，牛奶 200 克，蜂蜜适量。

做法

1 南瓜洗净，去瓤，切块，蒸熟后，去皮，凉凉备用；柚子去皮、子、白色筋膜，切小块。

2 将上述食材连同牛奶倒入榨汁机中搅打均匀，打好后调入蜂蜜即可。

🍃营养课堂🍃

这道饮品含维生素、蛋白质，有助于调节免疫力，对预防感冒有一定帮助。

热　量
190千卡

桃花玉蝴蝶茶
有助调节免疫力

准备　桃花3朵，玉蝴蝶4片。

做法

　　将所有食材一起放入杯中，冲入沸水，盖盖子闷泡约3分钟后饮用。

> ❀ 营养课堂 ❀
>
> 玉蝴蝶能促进人体新陈代谢、延缓细胞衰老，与桃花搭配可以通经络、调节免疫力，调节内分泌。这款饮品适宜抵抗力低下者饮用，但月经期女性不宜饮用。

西洋参茶　增强抵抗力

准备　西洋参片3克。

做法

　　将西洋参片放入杯中，冲入沸水，盖盖子闷泡约8分钟后饮用。

> ❀ 营养课堂 ❀
>
> 这款茶饮可补气养阴、清热活血，具有抗疲劳、调节免疫力的作用。适宜经常加班熬夜的人饮用。脾胃虚寒及腹泻者不宜饮用。此茶泡至没有参味后，可把参片吃下。

🍊 私家秘籍

西洋参片要选偏圆、颜色偏黄色不泛白，闻着参味重的。

鲜橙苹果汁 增强抵抗力

准备 橙子、苹果各100克。

做法

1 橙子去皮、子，切小块；苹果洗净，去皮、核，切丁。

2 将上述食材放入榨汁机中，加入适量饮用水搅打均匀即可。

🌿营养课堂🌿

橙子和苹果富含维生素C，能帮助增强抵抗力，减少生病。

番茄牛油果蜂蜜冰沙
抗氧化

准备 牛油果1个（150克左右），番茄80克，蜂蜜、冰块各适量。

做法

1 将牛油果洗干净、去除皮和核，切小块；番茄清洗干净，去皮、蒂，切小块。

2 在榨汁机里倒入切好的牛油果、番茄、冰块、蜂蜜，搅打成冰沙即可。

🌿营养课堂🌿

番茄富含番茄红素，具有防癌抗氧化的功效。牛油果里所含的脂肪有助于人体有效吸收番茄红素和胡萝卜素。因此二者结合，有很好的防癌抗氧化作用。

全家
轻享

适合女性的蔬果汁
更美 更瘦 更健康

热量
117千卡

★ 私家秘籍
将红枣与薏米、小米、山药一起煮粥，能改善因脾胃两虚而导致的颜面多皱、面色晦暗。

红枣苹果汁 调理气血

准备　苹果 150 克，鲜枣 30 克，蜂蜜适量。

做法

1 苹果洗净，去皮、核，切丁；鲜枣洗净，去核，切碎。

2 将上述食材放入榨汁机中，加入适量饮用水搅打均匀，加入蜂蜜调匀即可。

🍃 营养课堂 🍃

鲜枣含有维生素 C，苹果富含膳食纤维、钾等营养素，二者搭配榨汁饮用，能够调理气血，缓解气血不足、手脚冰凉的情况。

葡萄汁
补气养血，延缓衰老

热 量
113千卡

准备　葡萄 250 克。

做法

1 葡萄洗净，切成两半，去子。
2 将处理好的葡萄放入榨汁机中，加入
适量饮用水搅打均匀倒入杯中即可。

> 🍃营养课堂🍃
>
> 葡萄除了有滋补气血、强身健体的功
> 效，还可以抗氧化，延缓衰老，适合女
> 性饮用。

葡萄柠檬汁　活血养心

热 量
122千卡

准备　葡萄 250 克，柠檬 25 克，蜂蜜
适量。

做法

1 葡萄洗净，切成两半，去子；柠檬洗
净，去皮、子，切小块。
2 将上述食材放入榨汁机中，加入适量
饮用水搅打均匀，加入蜂蜜调匀即可。

> 🍃营养课堂🍃
>
> 这道饮品有补气、活血、强心的功效，
> 还能有效抗氧化，延缓衰老。

热 量
62千卡

私家秘籍

选购樱桃时看看樱桃的果梗，新鲜的樱桃果梗为绿色，不新鲜的樱桃，果梗由于存储时间长，会从绿色变成了黑色，就不应选购了。

樱桃草莓汁 补益气血

准备 樱桃、草莓各80克，蜂蜜适量。

做法

1 草莓洗净，去蒂，切小块；樱桃洗净，去核。

2 将上述食材放入榨汁机中，加入适量饮用水搅打均匀，加入蜂蜜调匀即可。

♪ 营养课堂 ♪

这道蔬果汁含有较多的铁，对预防贫血、补益气血有好处。

热 量
104千卡

草莓石榴汁 改善气色

准备 石榴、草莓各100克，蜂蜜适量。

做法

1 草莓洗净，去蒂，切小块；石榴去皮，剥出果粒。

2 将上述食材放入榨汁机中，加入适量饮用水搅打均匀，加入蜂蜜调匀即可。

♪ 营养课堂 ♪

中国人视石榴为吉祥物，是多子多福的象征。石榴营养丰富，能为肌肤补充水分，保持肌肤的弹性。搭配草莓一起打成汁饮用，有改善气色的作用。

桂圆桑茄汁 缓解肢体冰凉

准备 桂圆、番茄各 100 克，桑葚 50
克，蜂蜜适量。

做法

1 桑葚洗净；桂圆洗净，去皮、核；番
茄洗净，用开水烫一下，去皮，
切丁。

2 将上述食材放入榨汁机中，加入适量
饮用水搅打均匀，加入蜂蜜调匀即可。

> ❧营养课堂❧
>
> 桂圆益心脾、补气血、安神志；桑葚补
> 血滋阴、生津润燥；番茄富含番茄红
> 素，能够抗氧化、防衰老。

热 量
115千卡

生菜汁 改善失眠

准备 生菜 200 克，柠檬汁 20 克，蜂
蜜适量。

做法

1 生菜洗净，撕成小片，放入果汁机
中，加入适量饮用水搅打均匀。

2 将打好的生菜汁倒入杯中，加入蜂蜜
和柠檬汁调匀即可。

> ❧营养课堂❧
>
> 生菜富含膳食纤维、维生素 C、莴苣素
> 和甘露醇等成分，可镇痛催眠、缓解失
> 眠症状，还能够驱寒、利尿、抗病毒。

热 量
29千卡

热量
101千卡

木瓜香蕉饮 有助防贫血

准备　木瓜 200 克，香蕉 50 克。

做法

1　木瓜洗净，去皮、子，切丁；香蕉去
　　皮，切小段。

2　将上述食材放入榨汁机中，加入适量
　　饮用水搅打均匀即可。

> ◈ 营养课堂 ◈
>
> 这道饮品含维生素 C，可以将食物中的
> 三价铁还原成二价铁，能更好地促进肠
> 道对铁的吸收，帮助制造血红蛋白，辅
> 助预防贫血。

热量
141千卡

玉米葡萄干汁 补益气血

准备　玉米粒 80 克，葡萄干 15 克。

做法

1　玉米粒洗净，焯熟；葡萄干用清水
　　泡软。

2　将上述食材放入榨汁机中，加入适量
　　饮用水搅打均匀即可。

> ◈ 营养课堂 ◈
>
> 玉米富含丰富的硒、镁等多种营养素，
> 葡萄干富含丰富的葡萄糖，搭配榨汁饮
> 用，有着补益气血的功效。

红柚猕猴桃胡萝卜汁
补血益气

准备 红柚 100 克，猕猴桃 60 克，胡萝卜 50 克。

做法

1 猕猴桃洗净，去皮，切小块；红柚洗净，去皮、子，切小块；胡萝卜洗净，取中段，切厚片，用花朵形状的蔬菜切模切出花朵的形状留出备用，其余切丁。

2 将上述食材（除留出的胡萝卜花）放入榨汁机中，加入适量饮用水搅打均匀后倒入杯中。

3 在饮品的最上部点缀上之前切好的胡萝卜花即可。

热 量
95千卡

🍊 私家秘籍

用了膨大剂的猕猴桃，果实长得不规则，切开后果肉色泽发黄、口味淡，果皮发绿。正常生长的猕猴桃多为椭圆形，果皮黄橙色，切开后果肉是翠绿色，吃起来酸甜可口。

百合西芹苹果汁 养心安神

准备 苹果 100 克，鲜百合 30 克，西芹 50 克，蜂蜜适量。

做法

1 鲜百合掰开，洗净；西芹择洗干净，切小段；苹果洗净，去皮、核，切丁。

2 将上述食材放入榨汁机中，加入适量饮用水搅打均匀，加入蜂蜜调匀即可。

🥄 营养课堂 🥄

西芹富含镁、铁，搭配鲜百合和苹果榨汁饮用，有缓解焦虑，养心安神的功效。

热 量
111千卡

热量
51千卡

山楂红糖水 舒缓经期不适

准备 山楂 50 克，红糖适量。

做法

1 山楂洗净，去子。

2 锅内加适量清水，放入山楂，煮至山楂烂熟，加入红糖，再熬煮 10 分钟即可。

> ⚘营养课堂⚘
>
> 山楂红糖水具有活血化瘀的作用，是血瘀型痛经患者的食疗佳品，对寒凝血瘀型月经不调调理效果好。

热量
249千卡

西蓝花豆浆 补充经期营养

准备 西蓝花 200 克，黄豆 50 克。

做法

1 西蓝花洗净，掰成小朵，焯熟，凉凉；黄豆用清水浸泡 10~12 小时，洗净。

2 将黄豆放入豆浆机中，加水至上、下水位线之间，按下"五谷"键，煮至豆浆机提示做好。

3 将西蓝花块、豆浆放入榨汁机中搅打均匀即可。

> ⚘营养课堂⚘
>
> 富含维生素 C 的西蓝花，搭配富含大豆异黄酮的豆浆榨汁饮用，可以补充经期营养，还可预防经期便秘。

橘子红枣姜汁
缓解经期不适

热量
157千卡

准备　橘子 200 克，红枣 50 克，姜 10 克。

做法

1 橘子去皮、去子，切小块；红枣洗净，去核；姜洗净，切碎。
2 将上述食材放入榨汁机中，加入适量温水搅打均匀倒入杯中即可。

> 🍃营养课堂🍃
>
> 橘子与红枣均富含维生素 C，可以缓解经期不适。此外，红枣还有补血的作用，非常适合经期食用。姜性温，可以暖身祛寒，缓解因受寒而引发的痛经。

番茄菠萝汁　活血化瘀

热量
59千卡

准备　番茄、菠萝各 100 克，淡盐水、蜂蜜各适量。

做法

1 番茄洗净，用开水烫一下后去皮，切丁；菠萝去皮，切小块，放入淡盐水中浸泡 15 分钟，捞出冲洗一下。
2 将上述食材放入榨汁机中，加入适量温水搅打均匀，加入蜂蜜调匀即可。

> 🍃营养课堂🍃
>
> 番茄搭配菠萝榨汁饮用，口感酸酸甜甜，有着活血化瘀的功效，女性经期饮用，可以起到缓解痛经的功效。

热量
150千卡

私家秘籍
用保鲜膜将生姜包裹严实，置于阴凉干燥处，可以延长生姜的保鲜期，不易变质、干瘪。

胡萝卜苹果姜汁
暖身防痛经

准备　苹果200克，胡萝卜100克，生姜25克。

做法

1 苹果洗净，去皮、核，切丁；胡萝卜洗净，切丁；生姜洗净，切丁。
2 将上述食材放入榨汁机中，加入适量温开水搅打均匀即可。

🌿 营养课堂 🌿

生姜含有姜酚，可活血暖身，改善血液循环，与苹果和胡萝卜榨汁，可扩张末梢血管，加速血液循环，从而起到暖身防痛经的作用。

热量
66千卡

私家秘籍
圣女果的颜色深红即是成熟了，偏硬的圣女果口感更好、更新鲜。

圣女果圆白菜汁
调理月经

准备　圣女果、圆白菜、西芹各100克。

做法

1 圣女果洗净，一切两半；西芹择洗干净，切小段；圆白菜洗净，切片。
2 将上述食材放入榨汁机中，加入适量温水搅打均匀即可。

🌿 营养课堂 🌿

圣女果的维生素含量高，圆白菜含有叶酸，是血红细胞生成中不可或缺的，搭配榨汁饮用能辅助补血、缓解经期不适。

苹果肉桂红糖饮
缓解血瘀痛经

热量
131千卡

准备　苹果 100 克，红糖 20 克，肉桂粉 5 克。

做法

1 苹果洗净，去皮、核，切丁。

2 取一个小锅，加适量清水，放入肉桂粉煮出香气，倒入红糖煮 5 分钟。

3 把苹果丁放入肉桂红糖水再煮 5 分钟即可。

☙ 营养课堂 ☙

肉桂可温通经脉，散寒止痛。用肉桂、红糖和苹果煮一杯热饮，可以调理女性痛经，缓解生理期不畅。

南瓜山楂陈皮饮 化瘀止痛

热量
104千卡

准备　南瓜 200 克，陈皮、山楂各 20 克，茯苓 10 克，冰糖 5 克。

做法

1 陈皮、山楂、茯苓分别洗净；南瓜洗净，去瓤，切小块。

2 将上述食材放入锅中，加入适量饮用水，煮开后转小火煮 15 分钟，再加冰糖化开即可。

☙ 营养课堂 ☙

南瓜可通经络，利血脉，滋肾水；山楂可活血化瘀；陈皮能疏肝理气，降逆止呕；茯苓能健脾利湿，治疗女性带下证。搭配做出此款蔬果汁可和血养血，调经理气，缓解白带过多等女性问题。

🍋 私家秘籍

南瓜的保存期较长，放在避光、干燥的环境中，常温保存即可。如果去皮去子后，最好装入保鲜袋，放入冰箱冷藏。

热量
119千卡

油菜牛奶 缓解经期便秘

准备 油菜、牛奶各 150 克，蜂蜜适量。

做法

1 油菜洗净，入沸水焯烫一下，捞出凉凉，切段。

2 将油菜段与牛奶一同放入榨汁机中，搅打均匀，加入蜂蜜调匀即可。

> ✿ 营养课堂 ✿
>
> 这款饮品有润滑肠道、缓解女性经期便秘的作用。

热量
179千卡

蓝莓豆浆 缓解痛经

准备 蓝莓 150 克，豆浆 300 克。

做法

1 蓝莓洗净。

2 将蓝莓和豆浆放入榨汁机中搅打均匀，倒出后即可。

> ✿ 营养课堂 ✿
>
> 这款饮品有生津利尿的作用，对清除体内炎症有帮助，对痛经、尿路感染、慢性肾炎也有一定作用。

山楂大米豆浆
缓解经期不适

热量
349千卡

准备　黄豆60克，山楂25克，大米20克，白糖5克。

做法

1　黄豆用清水浸泡10~12小时，洗净；大米洗净；山楂洗净，去子。

2　将黄豆、大米、山楂一同倒入豆浆机中，加水至上、下水位线之间，煮至豆浆机提示做好，加入白糖调味即可。

> 🍒营养课堂🍒
>
> 这款豆浆具有活血化瘀的作用，尤其适合血瘀型痛经及月经不调者饮用，可以帮助缓解经期不适。

草莓香蕉果昔
改善经期便秘

热量
174千卡

准备　草莓、豆浆各100克，香蕉80克，脱脂奶粉10克。

做法

1　草莓洗净，去蒂，切小块；香蕉去皮，切小段。

2　将上述食材放入榨汁机中，加入豆浆和脱脂奶粉，搅打均匀即可。

> 🍒营养课堂🍒
>
> 豆浆含有丰富的植物蛋白，能帮助经期女性调整虚弱状态，强壮身体，搭配上富含膳食纤维的香蕉做果昔，还能帮助缓解经期便秘。

热量
127千卡

私家秘籍

好的木瓜表皮看上去甚不艳丽，甚至还会有点斑点。但是"瓜不可貌相"，只要按着有弹性，切开后果肉泛着光泽，就是一颗好木瓜。

菠萝木瓜汁 保持胸部弹性

准备　木瓜、胡萝卜各100克，菠萝150克，淡盐水适量。

做法

1 菠萝去皮，切小块，放入淡盐水中浸泡15分钟，捞出冲洗一下；木瓜洗净，去皮、子，切丁；胡萝卜洗净，切丁。

2 将上述食材放入榨汁机中，加入适量饮用水，搅打均匀即可。

营养课堂

菠萝中含有蛋白酶，可以分解蛋白质，帮助蛋白质的吸收和消化，促进新陈代谢。木瓜中的 B 族维生素能修复肌肤，使其充满活力。二者搭配榨汁饮用，有一定保持胸部弹性的功效。

热量
104千卡

葡萄柚木瓜汁
美体，保持肌肤弹性

准备　百香果30克，木瓜200克，葡萄柚50克，蜂蜜适量。

做法

1 百香果洗净，对半切开，挖出果肉，放入杯中；木瓜洗净，去皮、子，切丁；葡萄柚洗净，去皮、子，切小块。

2 将木瓜丁、葡萄柚块放入榨汁机中，加入适量饮用水搅打均匀，放入盛有百香果肉的杯中，加入蜂蜜即可。

营养课堂

百香果、木瓜、葡萄柚这3种水果一起榨汁饮用，对美体、保持肌肤弹性、减脂瘦身有一定帮助。

木瓜柠檬汁 美白养颜

准备 木瓜 150 克，柠檬 60 克。

做法

1 木瓜洗净，去皮、子，切丁；柠檬洗净，去皮、子，切小块。

2 将上述食材一同放入榨汁机中，加入适量饮用水搅打均匀后倒入杯中即可。

热 量
66千卡

🍋 私家秘籍

柠檬富含丰富的维生素 C，属于水溶性维生素，比较怕高温。所以食用柠檬的最佳方式是榨汁或配菜用。

猕猴桃柠檬汁 减重美体

准备 猕猴桃 250 克，柠檬 50 克，蜂蜜适量。

做法

1 猕猴桃洗净，去皮，切小块；柠檬洗净，去皮、子，切小块。

2 将上述食材放入榨汁机中，加入适量饮用水搅打均匀，加入蜂蜜调匀即可。

热 量
171千卡

🍋 私家秘籍

猕猴桃的硬度决定着口感。要想吃偏甜的猕猴桃，就挑软一点的；硬的猕猴桃一般偏酸，但可多保存一段时间；若想吃酸甜口的，就选软硬适中的猕猴桃。

热量
94千卡

私家秘籍
苹果与空气接触很容易氧化变色，现榨苹果汁也是一样，因此苹果汁应尽快饮用完，以避免氧化。

红柚苹果汁 为皮肤补充营养

准备　红柚 50 克，苹果 100 克，白糖 5 克。

做法

1　苹果洗净，去皮、核，切丁；红柚洗净，去皮、子，切小块。

2　将上述食材和适量饮用水一同放入榨汁机中，搅打均匀后倒入杯中，加入白糖调匀即可。

＊ 营养课堂 ＊

这款蔬果汁中含有丰富的维生素 C，可以帮助清除体内自由基，其也是蛋白质合成必不可少的辅助物质，为皮肤补充营养，保持青春活力。

热量
99千卡

圆白菜苹果汁
减脂健体

准备　圆白菜、苹果各 100 克，柠檬 60 克，蜂蜜适量。

做法

1　苹果洗净，去皮、核，切丁；柠檬洗净，去皮、子，切小块；圆白菜洗净，切片。

2　将上述食材放入榨汁机中，加入适量饮用水搅打均匀，加入蜂蜜调匀即可。

＊ 营养课堂 ＊

圆白菜能量低，含有较多膳食纤维，苹果也含有较多可溶性膳食纤维。搭配榨汁，有助于减少能量摄入，减脂健身。

椰子香蕉芒果汁
增加胸部弹性

准备 芒果、香蕉各 100 克，椰汁、牛奶各 150 克，蜂蜜适量。

做法

1 芒果洗净，去皮和核，留下果肉；香蕉去皮，切小段。

2 将芒果肉、香蕉段放入榨汁机中，加入适量椰汁搅打均匀，倒入牛奶，加入蜂蜜调匀即可。

> **● 营养课堂 ●**
>
> 这款饮品可以辅助增加胸部的弹性，还有润肤抗衰的功效。

热量
295千卡

● 私家秘籍

腹泻畏寒可吃烤香蕉。香蕉烤着吃可大大减少寒性，把香蕉连皮放入微波炉，大约 3 分钟后取出即可。

木瓜椰汁西米露 美体养颜

准备 木瓜 150 克，西米 50 克，椰汁 200 克。

做法

1 木瓜洗净，去皮、子，切丁；西米洗净。

2 将西米煮至透明捞出沥干；将椰汁放锅中稍煮一下，放置一边冷却。

3 将煮好的椰汁、西米装入碗中，加入切好的木瓜丁即可。冷藏一会儿再吃味道更好。

> **● 营养课堂 ●**
>
> 木瓜含有胡萝卜素和可溶性膳食纤维，椰汁中含有中链脂肪。搭配榨汁，可以健美皮肤。

热量
325千卡

● 私家秘籍

由于西米是淀粉类加工食品，遇水会变得又软又黏。所以煮之前用常温水快速冲几遍，冲掉表面浮尘即可下沸水煮。

私家秘籍

处理山药时可能会出现手痒、手黏腻等不适，戴个手套就能轻松摆脱烦恼。

苹果山药牛奶
润肤养颜

准备　苹果 100 克，山药 50 克，牛奶 250 克，蜂蜜适量。

做法

1　苹果洗净，去皮、核，切丁；山药洗净，去皮，切小块，焯熟。

2　将苹果丁、山药块放入榨汁机中，加入牛奶搅打均匀，加入蜂蜜调匀即可。

🥄营养课堂🥄

山药含有淀粉、蛋白质、可溶性膳食纤维和山药多糖；牛奶富含蛋白质和钙，与苹果搭配在一起，为人体提供多种营养物质。

草莓杏仁牛奶
美容又健体

准备　草莓 200 克，杏仁 50 克，牛奶 150 克。

做法

1　草莓洗净，去蒂，切小块；杏仁洗净。

2　将上述食材放入榨汁机中，加入牛奶搅打均匀后倒入杯中即可。

🥄营养课堂🥄

此款饮品富含维生素 C 和蛋白质，有助于皮肤健康，起到美容健体的作用。

木瓜芒果豆浆 润肤抗氧化

准备　黄豆 50 克，木瓜 60 克，芒果 40 克。

做法

1 黄豆用清水浸泡 10~12 小时，洗净；芒果去皮、核，洗净，切丁；木瓜去皮，除子，洗净，切小丁。

2 将上述食材一同倒入豆浆机中，加水至上、下水位线之间，按下"豆浆"键，煮至豆浆机提示做好即可。

营养课堂

木瓜和芒果均含较多胡萝卜素，有很好的抗氧化作用。搭配豆浆饮用，对皮肤和身体健康都有益处。

热　量
226千卡

私家秘籍

芒果一次不要吃得过多，否则会使皮肤的颜色发黄。

火龙果豆浆 健肤抗衰老

准备　红心火龙果 200 克，豆浆 350 克。

做法

1 红心火龙果去皮，切小块。

2 将红心火龙果块和豆浆一同放入榨汁机中，搅打均匀后倒入杯中即可。

营养课堂

红心火龙果含有花青素，抗氧化效果突出，可清除体内自由基，延缓衰老。搭配豆浆，能帮助肌肤变得白嫩细腻，可以抵抗自由基氧化作用带来的衰老。

热　量
219千卡

适合孩子的蔬果汁

不挑食 促生长 少生病

热 量
371千卡

私家秘籍

小孩子吃整粒的葡萄有发生卡喉的风险。将葡萄打汁食用可以避免此风险。万一孩子吃东西发生卡喉现象，请用海姆立克急救法处理并及时就医。

葡萄营养果汁
补虚健脾

准备 葡萄 250 克，酸奶 300 克，蜂蜜适量。

做法

1 葡萄洗净，切成两半，去子。

2 将葡萄放入榨汁机中，加入酸奶搅打均匀，加入蜂蜜调匀即可。

> **营养课堂**
>
> 葡萄有补虚健胃、强筋骨、补气血的作用，搭配促消化、提高食欲的酸奶榨汁，能帮助孩子补虚健脾、提高抗病力。

注 海姆立克急救法，将双手抱着孩子腰部，向上快速按压孩子的腹部，反复快速按压，直至异物排出。

西瓜草莓汁 利尿消渴

准备 西瓜 150 克，草莓 100 克，蜂蜜适量。

做法

1 西瓜用勺子挖出瓜瓤，去子；草莓去蒂，洗净，切块。

2 将上述食材放入榨汁机中，加入适量饮用水搅打均匀，加入蜂蜜调匀即可。

> 🍃营养课堂🍃
>
> 这款饮品富含维生素 C，特别适合孩子夏天饮用，有利尿、解渴、缓解暑热的作用。

热 量
79千卡

西芹猕猴桃汁
有助维持肠道健康

准备 芹菜 50 克，猕猴桃 150 克，蜂蜜适量。

做法

1 芹菜择洗干净，切小段；猕猴桃洗净，去皮，切小块。

2 将上述食材放入榨汁机中，加入适量饮用水搅打均匀，加入蜂蜜调匀即可。

> 🍃营养课堂🍃
>
> 这道饮品含有丰富的膳食纤维和维生素，能很好地改善孩子的便秘状况，维持肠道的健康。

热 量
100千卡

热量
134千卡

芦笋果菜汁 提高抵抗力

准备　芦笋100克，苹果200克，柠檬25克，蜂蜜适量。

做法

1 芦笋洗净，去除老根，切小段，焯熟捞出；苹果洗净，去皮、核，切丁；柠檬洗净，去皮、子，切小块。

2 将上述食材放入榨汁机中，加入适量饮用水搅打均匀，加入蜂蜜调匀即可。

> 🥄 营养课堂 🥄
>
> 这道饮品中含有维生素 C、维生素 E 及硒，对提高孩子的抵抗力有帮助。

热量
162千卡

山楂柠檬苹果汁
缓解积食

准备　山楂、苹果各100克，柠檬20克，蜂蜜适量。

做法

1 山楂洗净，去子；苹果洗净，去皮、核，切块；柠檬去皮、子，切块。

2 将上述食材倒入榨汁机中加适量饮用水，搅打均匀，加入蜂蜜搅匀即可。

> 🥄 营养课堂 🥄
>
> 这款饮品能促进消化，并能增加消化酶的分泌，可有效缓解宝宝积食情况。

胡萝卜山楂汁 健胃消食

准备　胡萝卜 150 克，山楂 20 克，冰糖适量。

做法

1　山楂洗净，去核；胡萝卜洗净，切丁。

2　将上述食材放入榨汁机中，加入适量饮用水搅打均匀，加入冰糖调匀即可。

> ❧ 营养课堂 ❧
>
> 山楂富含有机酸、果胶、维生素C等，搭配富含胡萝卜素的胡萝卜打汁，特别适合在进食较油腻的食物时饮用，有健胃消食、消脂减肥的作用。

热　量
68千卡

胡萝卜橙汁 明亮眼睛

准备　胡萝卜 100 克，橙子 150 克，蜂蜜适量。

做法

1　橙子去皮、子，切丁；胡萝卜洗净，切丁。

2　将上述食材放入榨汁机中，加入适量饮用水搅打均匀，加入蜂蜜调匀即可。

> ❧ 营养课堂 ❧
>
> 胡萝卜中富含胡萝卜素，橙子含有玉米黄素、叶黄素等营养素，能保护视力，让眼睛更明亮，十分适合学习期的青少年食用。

热　量
100千卡

樱桃酸奶
预防感冒，补铁

准备　樱桃 200 克，酸奶 100 克，蜂蜜适量。

做法

1 樱桃洗净，去核。

2 将樱桃果肉放入榨汁机中，加入酸奶搅打均匀，加入蜂蜜调匀即可。

🍊 私家秘籍

樱桃不易保存，不要一次性买太多，最好现买现吃。

🍃 营养课堂 🍃

樱桃中含有维生素 C、铁等营养素，搭配酸奶榨汁，常饮可以帮助孩子预防感冒和贫血。

黄瓜雪梨汁　缓解咳嗽不适

准备　黄瓜 100 克，雪梨 150 克，蜂蜜适量。

做法

1 黄瓜洗净，切丁；雪梨洗净，去皮、核，切小丁。

2 将上述食材放入榨汁机中，加入适量饮用水搅打均匀，加入蜂蜜调匀即可。

🍃 营养课堂 🍃

雪梨含有丰富的水分、维生素 C、单宁等，搭配黄瓜榨汁饮用，可以达到滋阴润燥、润肺止咳的功效，缓解咳嗽等不适。

冰糖雪梨汁 缓解咳嗽

准备 雪梨 200 克，冰糖 5 克。

做法

1 雪梨洗净，去皮、核，切小丁。
2 将雪梨丁、冰糖一起放入锅中，倒入
  适量清水，大火烧沸后改小火熬煮约
  15 分钟即可。

> ❧ 营养课堂 ❧
>
> 梨能润肺清热、生津止渴，冰糖味甘性
> 平，入肺、脾经，有补中益气、和胃润
> 肺的功效，二者合用可增强润肺止咳
> 的作用。

热 量
158千卡

菠萝油菜汁 缓解感冒症状

准备 油菜 100 克，菠萝 150 克，淡
      盐水适量。

做法

1 油菜洗净，入沸水焯烫一下，捞出凉
  凉，切段；菠萝去皮，切小块，放
  入淡盐水中浸泡 15 分钟，捞出冲洗
  一下。
2 将上述食材放入榨汁机中，加入适量
  饮用水搅打均匀即可。

> ❧ 营养课堂 ❧
>
> 这款蔬果汁含维生素 C，有助于平衡免
> 疫功能，缓解感冒症状，缩短病程。

热 量
80千卡

热量
62千卡

薄荷西瓜汁 预防感冒

准备 西瓜200克，薄荷叶3片，蜂蜜适量。

做法

1 西瓜用勺子挖出瓜瓤，去子；薄荷叶洗净。

2 将上述食材放入榨汁机中搅打均匀，加入蜂蜜调匀即可。

🍃 营养课堂 🍃

西瓜水分多，可以生津止渴；薄荷能消炎镇痛，缓解咽喉肿痛。二者搭配榨汁可帮助孩子预防感冒。

热量
30千卡

菜花汁 增强体质

准备 菜花150克，蜂蜜适量。

做法

1 菜花洗净，切小块，放入锅中焯熟后，用凉开水过凉。

2 将菜花块放入榨汁机中，加入适量饮用水搅打均匀，加入蜂蜜调匀即可。

🍃 营养课堂 🍃

菜花中富含丰富的维生素C，榨汁饮用可以帮助孩子增强体质，调节免疫力。

🍊 私家秘籍

菜花比较"娇气"，温度低会冻伤，温度高了也不行。买回菜花后，不要去除叶子，保持原样裹上保鲜膜，放冰箱冷藏即可。

菠萝橙子酸奶
促进钙质吸收

准备　菠萝 150 克，橙子、酸奶各 100
　　　克，淡盐水适量。

做法

1　菠萝去皮，切小块，放淡盐水中浸泡
　　15 分钟，捞出冲洗一下；橙子去皮、
　　子，切小块。

2　将上述食材放入榨汁机中，加入酸奶
　　搅打均匀即可。

🥄 营养课堂 🥄

菠萝和橙子富含维生素 C 和矿物质，孩
子饮用可以促进钙质吸收，助力孩子
成长。

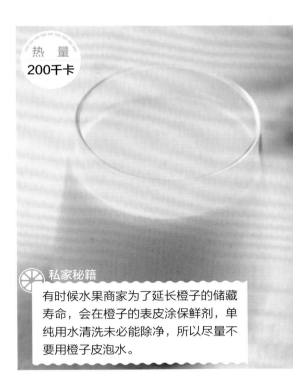

热 量
200千卡

🍊 私家秘籍

有时候水果商家为了延长橙子的储藏
寿命，会在橙子的表皮涂保鲜剂，单
纯用水清洗未必能除净，所以尽量不
要用橙子皮泡水。

苹果莴笋汁　增强记忆力

准备　苹果 200 克，莴笋叶 50 克，柠
　　　檬 30 克，蜂蜜适量。

做法

1　苹果洗净，去皮、核，切丁；莴笋叶
　　洗净，切段；柠檬洗净，去皮、子，
　　切小块。

2　将上述食材放入榨汁机中，加入适量
　　饮用水搅打均匀，加入蜂蜜调匀即可。

🥄 营养课堂 🥄

莴笋富含膳食纤维、维生素 C、叶酸等，
搭配苹果、柠檬榨汁饮用可提高神经细
胞活性，帮助增强记忆力。

热 量
125千卡

热量
321千卡

玉米南瓜牛奶 帮助长个子

准备　玉米 100 克，南瓜 200 克，牛奶 250 克。

做法

1 玉米剥去外皮，撕去玉米须，冲洗干净，剥下完整的玉米粒。
2 南瓜洗净，去瓤，切小块。
3 将上述食材放入豆浆机，加入牛奶和饮用水，选择"五谷豆浆"程序即可。

🌿 营养课堂 🌿

这款饮品含钙、蛋白质，能帮助骨骼发育，促进骨细胞的增生，帮助孩子长高。

热量
206千卡

菠萝豆浆 促进消化

准备　黄豆 50 克，菠萝 30 克，淡盐水适量。

做法

1 黄豆用清水浸泡 10~12 小时，洗净；菠萝去皮，切小块，放入淡盐水中浸泡 15 分钟，捞出冲洗一下。
2 将黄豆、菠萝块倒入豆浆机中，加水至上、下水位线之间，煮至豆浆机提示做好即可。

私家秘籍

菠萝可以存放在阴凉处，为了延长保质时间，可以把带菠萝叶子的那头冲下。

🌿 营养课堂 🌿

在吃肉较多时饮用这道饮品，可以解除油腻、促进消化，平时饮用也可以增进食欲，助力孩子成长。

菠菜雪梨汁
促进眼睛和大脑发育

热量
147千卡

准备 菠菜100克，雪梨150克，蜂蜜适量。

做法

1 菠菜洗净，焯水后过凉，切小段；雪梨洗净，去核，切小块。
2 将上述食材放入榨汁机中，加入适量饮用水搅打均匀，加入蜂蜜调匀即可。

🌰 营养课堂 🌰

这款蔬果汁富含叶酸、胡萝卜素、维生素C、铁、钾等，可帮助孩子脑部发育，并且对眼睛有益。

海带柠檬汁 促进脑发育

热量
27千卡

准备 水发海带150克，柠檬20克，蜂蜜适量。

做法

1 海带洗净，煮熟，切块；柠檬洗净，去皮和子，切小块。
2 将海带块、柠檬块放入榨汁机中，加入适量饮用水搅打均匀，加蜂蜜调味即可。

🌰 营养课堂 🌰

海带富含碘，搭配上柠檬榨汁，能促进孩子的脑发育。

黑芝麻南瓜汁　健脑益智

准备　南瓜 200 克，熟黑芝麻 25 克。

做法

1 南瓜洗净，去瓤，切小块，放入锅中，去皮，凉凉；熟黑芝麻碾碎。

2 将南瓜块、熟黑芝麻碎一同放入榨汁机中，加入适量饮用水搅打均匀即可。

🥄营养课堂🥄

黑芝麻富含不饱和脂肪酸，搭配含 B 族维生素的南瓜，可以帮助孩子提高大脑的认知能力，健脑益智。

番茄彩椒蜂蜜饮
改善食欲不振

准备　番茄 200 克，彩椒（黄）100 克，蜂蜜适量。

做法

1 番茄洗净，去皮、蒂，切小块；彩椒洗净，去蒂及子，切块。

2 将上述食材放入榨汁机中，加入适量饮用水搅打均匀，加入蜂蜜调匀即可。

🥄营养课堂🥄

番茄和彩椒中维生素的含量都十分丰富，一起打汁饮用，可以帮助孩子改善食欲不振，补充脑力，增添活力。

黄豆南瓜米糊
促进智力发育

准备　南瓜80克，黄豆、大米各30克，冰糖5克。

做法

1 黄豆洗净，用清水浸泡10~12小时；大米淘洗干净，浸泡2小时；南瓜洗净，去皮、瓤，切小块。

2 将上述食材倒入豆浆机中，加水至上、下水位线之间，按下"米糊"键，煮至豆浆机提示做好，加入冰糖搅至化开即可。

蓝莓葡萄豆浆
增强记忆力

准备　蓝莓、葡萄各50克，豆浆250克。

做法

1 蓝莓洗净；葡萄洗净，切半，去子。

2 将蓝莓、葡萄和豆浆放进榨汁机，搅打均匀即可。

> 🍃营养课堂🍃
>
> 这款饮品含有抗氧化成分，对活化脑细胞、增强记忆力有帮助。

热 量
221千卡

饮用这道豆浆时可以适量吃些含油脂的食物，如柿子椒炒肉丝等，能帮助人体更好地吸收 β - 胡萝卜素。

胡萝卜豆浆 缓解视疲劳

准备 黄豆 50 克，胡萝卜 80 克。

做法

1 黄豆用清水浸泡 10~12 小时，洗净；胡萝卜洗净，切丁。

2 将上述食材一同倒入全自动豆浆机中，加水至上、下水位线之间，按下"豆浆"键，煮至豆浆机提示做好即可。

🍃 营养课堂 🍃

胡萝卜有着养肝、明目的功效，与黄豆做成豆浆饮用，可以帮助孩子缓解视疲劳，调节身体抵抗力。

热 量
198千卡

香蕉玉米汁 保护视力

准备 香蕉、玉米粒各 100 克。

做法

1 香蕉去皮，切小段；玉米粒洗净，焯熟。

2 将上述食材和适量饮用水一起放入榨汁机中搅打均匀即可。

🍃 营养课堂 🍃

玉米含有黄体素和玉米黄质，可以保护视力，搭配香蕉榨汁饮用，还能帮助孩子预防便秘。

鲜枣紫米汁 缓解学习压力

准备 紫米 60 克，鲜枣 15 克。

做法

1 紫米淘洗干净，用清水浸泡 2 小时；鲜枣洗净，去核，切碎。

2 将上述食材倒入豆浆机中，加水至上、下水位线之间，按下"五谷"键，煮至豆浆机提示做好即可。

🌿 营养课堂 🌿

鲜枣含有一定量的维生素 C，可消除脑疲劳，紫米含有 B 族维生素，是脑力活动的重要助手，二者搭配的这道饮品，可帮助缓解学习压力。

热 量
223千卡

玉米汁 保护眼睛

准备 玉米 300 克，白糖适量。

做法

1 玉米剥去外皮，撕去玉米须，冲洗干净，剥下完整的玉米粒。

2 将玉米粒倒入豆浆机中，加水至上、下水位线之间，按下"五谷"键，煮至豆浆机提示做好即可。

🌿 营养课堂 🌿

玉米含有叶黄素、玉米黄素，榨汁饮用可以帮助孩子保护眼睛。

热 量
336千卡

热量
120千卡

私家秘籍

番茄放冰箱会影响口感，在室温内储存即可，注意不要让阳光直晒。

番茄牛奶 防止视疲劳

准备　番茄100克，柠檬20克，牛奶150克。

做法

1 番茄洗净，用开水烫一下，去皮，切丁；柠檬洗净，去皮、子，切小块。

2 将上述食材放入榨汁机中，加入牛奶搅打均匀即可。

> ❧营养课堂❧
>
> 番茄中富含维生素C，搭配柠檬榨汁饮用，可以防止视疲劳。

热量
156千卡

红薯苹果牛奶 增强抵抗力

准备　红薯、苹果各80克，牛奶100克。

做法

1 红薯洗净，去皮，切小块，放入锅中蒸熟，凉凉备用；苹果洗净，去皮、核，切丁。

2 将红薯块、苹果块和牛奶一同倒入榨汁机中，搅打均匀即可。

> ❧营养课堂❧
>
> 红薯和苹果均富含膳食纤维，搭配牛奶榨汁可以预防孩子便秘，提高孩子抵抗力。

猕猴桃菠萝苹果汁
调节免疫力

热 量
158千卡

准备　猕猴桃、菠萝、苹果各 100 克，淡盐水适量。

做法

1　猕猴桃洗净，去皮，切小块；菠萝去皮，切小块，放入淡盐水中浸泡 15 分钟，捞出冲洗一下；苹果洗净，去皮、核，切丁。

2　将上述食材放入榨汁机中，加入适量饮用水搅打均匀即可。

　　　　　营养课堂

这款饮品含有较多的维生素 C、果酸，常饮可以提高孩子的抵抗力。

白萝卜甜橙汁
调节免疫力

热 量
88千卡

准备　白萝卜 100 克，橙子 150 克。

做法

1　白萝卜洗净，切丁；橙子去皮、子，切小块。

2　将上述食材放入榨汁机中，加入适量饮用水搅打均匀，倒入杯中即可。

　　　　　营养课堂

白萝卜含有多种维生素、芥子油、膳食纤维等，可以起到杀菌抗菌、调节免疫力的功效。

Part 3

适合老人的蔬果汁

健脾 抗衰 调慢病

热量
159千卡

猕猴桃橘子汁 利尿降压

准备 猕猴桃、橘子各150克，蜂蜜
适量。

做法

1 猕猴桃洗净，去皮，切小块；橘子去
皮，分瓣，除子，切块。

2 将上述食材放入榨汁机中，加入适量
饮用水搅打均匀，加入蜂蜜调匀即可。

> ♪营养课堂♪
>
> 猕猴桃和橘子都富含维生素C、钾等多
> 种营养素，榨汁饮用能够帮助高血压患
> 者调节血压。

南瓜汁 排钠调脂

热 量
46千卡

准备　南瓜 200 克，白糖适量。

做法

1　南瓜洗净，去瓤，切小块，放入锅中
　　蒸熟，去皮，凉凉。

2　将上述食材放入榨汁机中，加入适量
　　饮用水搅打均匀，加入白糖调匀即可。

> ♪ 营养课堂 ♪
>
> 南瓜富含钾，加热后也不易流失，有着
> 很强的排钠功效，有辅助降压、调节血
> 脂的作用。

西芹菠菜牛奶
保持血压稳定

热 量
162千卡

准备　西芹 25 克，牛奶 150 克，菠菜、
　　　胡萝卜各 100 克，蜂蜜适量。

做法

1　西芹择洗干净，切段；胡萝卜洗净，
　　切丁；菠菜洗净，焯水切段。

2　将上述食材放入榨汁机中，加入牛奶
　　搅打均匀，加入蜂蜜调匀即可。

> ♪ 营养课堂 ♪
>
> 西芹中含有钾、芹菜素等营养成分，可
> 以帮助排钠。搭配菠菜榨汁饮用，可以
> 保持血压稳定。

芦笋山药豆浆 平稳血压

准备 黄豆80克，芦笋、山药各50
克，冰糖5克。

做法

1 黄豆用清水浸泡10~12小时，洗净；
芦笋洗净，去除老根，切小段，焯熟
捞出；山药洗净，连皮蒸20分钟至
熟，取出去皮，切块。

2 将上述食材放入豆浆机中，加水至
上、下水位线之间，按下"豆浆"
键，煮至豆浆机提示做好，加冰糖搅
拌至化开即可。

> ♪ 营养课堂 ♪
>
> 芦笋富含天冬氨酸；山药含膳食纤维，
> 搭配榨汁可预防高血压。

洋葱芹菜菠萝汁
调节血压

准备 芹菜50克，菠萝100克，洋葱
25克，淡盐水、蜂蜜各适量。

做法

1 芹菜择洗干净，切小段；菠萝去皮，
切小块，放入淡盐水中浸泡15分
钟，捞出冲洗一下；洋葱洗净、去
皮、切丁。

2 将上述食材放入榨汁机中，加入适量
饮用水搅打均匀，加入蜂蜜调匀即可。

> ♪ 营养课堂 ♪
>
> 这道饮品富含钾，常饮可以达到调节血
> 压的功效，适合老年人饮用。

番茄苦瓜汁　平稳血糖

准备　番茄 200 克，苦瓜 50 克，柠檬 30 克。

做法

1　番茄洗净，用开水烫一下，去皮，切丁；苦瓜洗净，去瓤，切丁；柠檬洗净，去皮、子，切小块。

2　将上述食材放入榨汁机中，加入适量饮用水搅打均匀，倒入杯中即可。

> ✿ 营养课堂 ✿
>
> 苦瓜含有苦瓜苷；番茄含有番茄红素、维生素 C 等成分，同饮有着平稳血糖，改善胰岛功能的功效。

热 量
52千卡

🍋 **私家秘籍**

选购苦瓜的时候，可以看一看苦瓜的纹路，纹路密而多的苦瓜比纹路稀疏的苦味更浓厚。

番茄圆白菜汁

消脂，平稳血糖

准备　番茄、圆白菜各150克，李子20克。

做法

1　番茄洗净，用开水烫一下，去皮，切丁；圆白菜洗净，切片；李子洗净，去核，切块。

2　将上述食材放入榨汁机中，加入适量饮用水搅打均匀，加入蜂蜜调匀即可。

> ✿ 营养课堂 ✿
>
> 圆白菜热量较低，有消脂减肥的功效，搭配番茄榨汁饮用，适合糖尿病患者及肥胖者饮用。

热 量
66千卡

圆白菜洋葱汁 有助调节糖代谢

准备 圆白菜 200 克，洋葱 50 克，柠檬 30 克。

做法

1 圆白菜洗净，切碎；洋葱洗净，切丁；柠檬洗净，去皮、子，切小块。

2 将上述食材放入榨汁机中，加入适量饮用水搅打均匀，倒入杯中即可。

热 量
79千卡

✦ 私家秘籍

选购洋葱时要选择头部细、没有开口，且外表皮有脆性的洋葱，这样的洋葱质量好。

双瓜柚子白菜汁
控制体重

准备 南瓜、黄瓜各100克，柚子50克，白菜80克。

做法

1 南瓜洗净，去瓤，切小块，放入锅中蒸熟，去皮，凉凉；黄瓜洗净，切小块；白菜洗净，切片；柚子去皮、子、白色筋膜，切小块。

2 将上述食材放入榨汁机中，加入适量饮用水搅打均匀，倒入杯中即可。

☙ 营养课堂 ☙

这款饮品能量低，糖分低，富含膳食纤维，有助于控制体重，帮助增加胰岛素的敏感性。

私家秘籍

新鲜黄瓜的表面会有很多凸起的小刺，因此我们在选购时不妨用手摸一摸黄瓜的表面，如果感觉到很扎手，就说明很新鲜。

山楂糙米糊 辅助降脂

准备 糙米60克，山楂20克。

做法

1 糙米洗净，浸泡4小时；山楂洗净，去子。

2 将上述食材一同倒入全自动豆浆机中，加水至上、下水位线之间，按下"五谷"键，煮至豆浆机提示做好即可。

☙ 营养课堂 ☙

糙米含膳食纤维，能促进体内脂肪和脂蛋白代谢，山楂中含有维生素C、黄酮类物质、槲皮苷等，可降低血清胆固醇浓度，两者搭配做饮品，能帮助降血脂，有利于血管健康。

热量
90千卡

私家秘籍
苹果切片，放于眼袋部位敷15分钟左右，取下用湿棉花球擦拭眼袋位置，能减轻黑眼圈。

苹果芦荟汁 控制胆固醇

准备 苹果150克，芦荟20克，蜂蜜适量。

做法
1 苹果洗净，去皮、核，切丁；芦荟洗净，去皮，切小块。
2 将上述食材放入榨汁机中，加入适量饮用水搅打均匀，加入蜂蜜调匀即可。

🥄营养课堂🥄

芦荟含有异柠檬酸钙，搭配富含膳食纤维的苹果榨汁饮用，可以促进血液循环、有助于防止胆固醇升高。

热量
96千卡

私家秘籍
吃肉类时，可以搭配此饮品饮用，有助于胡萝卜素的吸收。

胡萝卜苹果汁
预防血脂升高

准备 苹果150克，胡萝卜50克。

做法
1 苹果洗净，去皮、核，切丁；胡萝卜洗净，切丁。
2 将上述食材放入榨汁机中，加入适量饮用水搅打均匀，倒入杯中即可。

🥄营养课堂🥄

富含膳食纤维的苹果和富含胡萝卜素、维生素C的胡萝卜搭配榨汁，能吸收多余的胆固醇和甘油三酯，有助于调节血脂。

山楂黄瓜汁 减肥，控脂

准备 山楂 100 克，黄瓜 200 克，蜂蜜适量。

做法

1 山楂洗净，去子；黄瓜洗净，切小块。
2 将上述食材放入榨汁机中，加入适量饮用水搅打均匀，加入蜂蜜调匀即可。

热 量
134千卡

番茄橘子汁 促进排便

准备 橘子 150 克，番茄 100 克。

做法

1 橘子去皮，分瓣，除子，切块；番茄洗净，用开水烫一下，去皮、蒂，切丁。
2 将上述食材放入榨汁机中，加入适量饮用水搅打均匀，倒入杯中即可。

热 量
83千卡

洋葱蜂蜜汁 促进脂质代谢

准备 洋葱 150 克，西芹 50 克，蜂蜜适量。

做法

1 洋葱去老皮、洗净、切小块；西芹择洗净，切小段。
2 将上述食材放入榨汁机中，加入适量饮用水搅打均匀，加入蜂蜜调匀即可。

热 量
69千卡

热 量
320千卡

葡萄花生红豆豆浆
预防胆固醇升高

准备　红豆60克，葡萄25克，花生米20克。

做法

1 红豆淘洗干净，用清水浸泡4小时；葡萄洗净，切成两半，去子；花生米挑去杂质，洗净。

2 将上述食材倒入豆浆机中，加水至上、下水位线之间，按下"豆浆"键，煮至豆浆机提示做好即可。

🌿 营养课堂 🌿

葡萄皮中的白藜芦醇和黄酮类物质，搭配花生米中的胆碱、卵磷脂，有助于调节血液中胆固醇含量。

热 量
64千卡

番茄葡萄果饮
预防胆固醇升高

准备　番茄100克，葡萄、苹果各50克，蜂蜜适量。

做法

1 番茄洗净，用开水烫一下，去皮，切丁；葡萄洗净，切成两半，去子；苹果洗净，去皮、核，切丁。

2 将上述食材放入榨汁机中，加入适量饮用水搅打均匀，加入蜂蜜调匀即可。

🌿 营养课堂 🌿

番茄富含番茄红素和槲皮素，搭配葡萄和苹果榨汁，有助于调节胆固醇水平，排毒养颜。

最好用清水打豆浆

有的人图省事，将豆子清洗后放在豆浆机中浸泡，然后直接用泡豆的水做豆浆。其实这种做法并不科学。黄豆浸泡一段时间后，水色会变黄，水面会浮现很多水泡，这是黄豆经浸泡后发酵所致。用这样的水做出的豆浆不仅味道不好，人喝了以后还有可能导致腹痛、腹泻、呕吐。正确的做法是黄豆浸泡后，做豆浆前先冲洗几遍再换上清水制作。

◆ 营养课堂 ◆

这款饮品富含 B 族维生素，有着很好的清胃火、去肠热的效果，老年人饮用可缓解便秘。

绿豆苦瓜豆浆 缓解便秘

准备 黄豆 50 克，绿豆 15 克，苦瓜 60 克，冰糖 5 克。

做法

1 黄豆用清水浸泡 10~12 小时，洗净；绿豆用清水浸泡 2 小时，淘洗干净；苦瓜洗净，去瓤，切丁。

2 将上述食材放入豆浆机中，加水至上、下水位线之间，按下"豆浆"键，煮至豆浆机提示做好，加冰糖搅拌至化开即可。

热 量
277千卡

红薯牛奶 润肠通便

准备 红薯 200 克，牛奶 300 克。

做法

1 红薯洗净，削去外皮，切小块，放入锅中蒸熟，凉凉备用。

2 将红薯块放入榨汁机中，加入牛奶搅打均匀，倒入杯中即可。

果汁达人进阶课

上班族学生党适合用便携式榨汁机

不要再买市面上卖的勾兑的果汁了。现在市面上有便携式榨汁机，它的特点是小巧玲珑、操作简单，特别适合上班族、学生党随身携带，每天喝一杯自制的蔬果汁，纯天然无添加、方便又健康。

营养课堂

富含水溶性膳食纤维的红薯与牛奶榨汁饮用，可以促进肠胃蠕动，润肠通便。

热 量
317千卡

多纤蔬果汁 改善便秘

热量
128千卡

准备　苹果 150 克，菠萝 100 克，西芹 25 克，淡盐水适量。

做法

1 苹果洗净，去皮、核，切丁；菠萝去皮，切小块，放入淡盐水中浸泡 15 分钟，捞出冲洗一下；西芹择洗净，切小段。

2 将上述食材放入榨汁机中，加入适量饮用水搅打均匀，加入蜂蜜调匀即可。

🍃营养课堂🍃

这款饮品中的 3 种水果均富含膳食纤维，搭配榨汁饮用可以促进消化，改善便秘。

苹果豆浆 预防便秘

热量
222千卡

准备　黄豆、苹果各 50 克。

做法

1 苹果洗净，去皮、核，切丁；黄豆用清水浸泡 10~12 小时，洗净。

2 将黄豆、苹果块倒入豆浆机中，加水至上、下水位线之间，煮至豆浆机提示做好即可。

🍃营养课堂🍃

这款豆浆中富含膳食纤维，能够帮助促进体内毒素排出，预防便秘。

热 量
333千卡

枸杞山楂豆浆
促进胆固醇的排泄

准备　黄豆60克，山楂20克，枸杞子15克，冰糖10克。

做法

1 黄豆用清水浸泡10~12小时，洗净；山楂洗净，去子；枸杞子洗净。

2 将上述食材倒入豆浆机中，加水至上、下水位线之间，按下"豆浆"键，煮至豆浆机提示做好，加冰糖搅拌至化开即可。

🌿营养课堂🌿

山楂中的维生素C帮助增强血管弹性，搭配枸杞子能够促进胆固醇的排泄。

热 量
128千卡

番茄葡萄苹果汁
保护血管健康

准备　番茄200克，苹果、葡萄各100克，柠檬汁适量。

做法

1 番茄洗净切小丁；葡萄洗净，去子；苹果洗净，去核，切丁。

2 将上述食材放入果汁机中，加入适量饮用水搅打均匀，倒入杯中，加入柠檬汁即可。

🌿营养课堂🌿

番茄含有丰富的胡萝卜素、维生素C和维生素P，可以保护血管；苹果富含维生素C和膳食纤维；葡萄富含抗氧化物，这款蔬果汁对防止动脉硬化有益。

高钙蔬果牛奶 强健骨骼

准备 香蕉、白菜各 100 克，牛奶 200 克，蜂蜜适量。

做法

1 香蕉去皮，切小段；白菜洗净，切片。

2 将上述食材放入榨汁机中，加入适量牛奶搅打均匀，加入蜂蜜调匀即可。

热 量
236千卡

> 🍃营养课堂🍃
>
> 香蕉、白菜、牛奶搭配榨汁，可以强健骨骼，预防骨质疏松。

私家秘籍

大白菜根部富含膳食纤维，榨汁的时候别丢弃。另外，用大白菜根煮水对伤风感冒有缓解作用。

苦瓜蜂蜜姜汁
帮助预防癌症

准备 苦瓜 100 克，柠檬 60 克，姜丁 5 克，蜂蜜适量。

做法

1 苦瓜洗净，去瓤，切丁；柠檬洗净，去皮、子，切小块。

2 将苦瓜丁、柠檬块、姜丁放入榨汁机中，加入适量饮用水搅打均匀，加入蜂蜜调匀即可。

热 量
47千卡

> 🍃营养课堂🍃
>
> 苦瓜含有苦瓜素，能帮助激活体内免疫系统的防御功能。姜含有生姜粉，能帮助阻止细胞癌变，辅助预防癌症的发生。二者搭配榨汁，对预防癌症有益。

香蕉橙子豆浆
通便，抗衰

准备 橙子、香蕉各100克，豆浆200克。

做法

1 香蕉去皮，切厚片；橙子洗净，去皮、子，切小块。
2 将上述食材放入榨汁机中，加入适量饮用水，搅打均匀即可。

> **营养课堂**
>
> 橙子富含维生素C、果酸等成分，可清肠通便；香蕉可清热润肠，促进肠胃蠕动。

白菜葡萄汁
润肠，清除自由基

准备 白菜150克，葡萄200克，蜂蜜适量。

做法

1 白菜洗净，切碎；葡萄洗净，去子。
2 将上述食材倒入榨汁机中，加入少量饮用水，搅打均匀后加入蜂蜜调味即可。

> **营养课堂**
>
> 白菜含膳食纤维，有一定润肠作用，搭配上葡萄榨汁，能帮助减慢衰老步伐、清除体内的自由基。

颜色混搭的蔬果汁

在自制蔬果汁时应根据蔬菜和水果的颜色、种类、口味来搭配，且要经常变换搭配组合，这样有利于更全面地吸收各类营养，达到营养均衡。

🌿 营养课堂 🌿

菜花、胡萝卜都富含胡萝卜素，榨汁饮用有助于缓解老年人视力衰退的症状。

菜花胡萝卜汁 缓解视力衰退

准备　菜花、胡萝卜各100克，柠檬30克，蜂蜜适量。

做法

1　菜花洗净，掰成小朵，焯熟，凉凉；胡萝卜洗净，切丁；柠檬洗净，去皮、子，切小块。

2　将上述食材放入榨汁机中，加入适量饮用水搅打均匀，加入蜂蜜调匀即可。

热量
63千卡

Part 4

适合男性的蔬果汁
解压 强体 不油腻

热量
105千卡

莲藕柠檬汁 稳定心神

准备　柠檬30克，莲藕200克，蜂蜜
　　　适量。

做法

1　莲藕洗净，去皮，切小丁；柠檬洗
　净，去皮、子，切一片留用，其他切
　小块。

2　将上述食材（除留用的柠檬片）放入
　榨汁机中，加入适量饮用水搅打均
　匀，加入蜂蜜调匀，加柠檬片装饰
　即可。

🍃营养课堂🍃

莲藕味甘，性寒，具有清热凉血、散瘀
止血、生津止渴、健脾益胃之功效，可
减轻心烦急躁、失眠多梦等症状。

桂圆芦荟汁 改善失眠

准备　桂圆 60 克，芦荟 100 克，冰糖适量。

做法

1 桂圆洗净，去皮、核；芦荟洗净，去皮，切小块。

2 将上述食材放入榨汁机中，加入适量饮用水搅打均匀，加入冰糖调匀即可。

热　量
96千卡

♨ 营养课堂 ♨

现代男性面临着事业、家庭等多方面的压力，这款果汁能帮助改善焦虑、健忘、失眠等不适。

西瓜生菜汁 舒缓情绪

准备　西瓜 50 克，生菜 100 克，蜂蜜适量。

做法

1 生菜择洗干净，切片；西瓜用勺子挖出瓜瓤，去子。

2 将上述食材放入榨汁机中，加入适量饮用水搅打均匀，加入蜂蜜调匀即可。

热　量
28千卡

♨ 营养课堂 ♨

西瓜可以除烦止渴，生菜可以消除疲劳，适合精神状态不佳时饮用。

生菜雪梨汁 安神催眠，凉血清热

准备 生菜、雪梨各 100 克，柠檬 30 克，蜂蜜适量。

做法

1 生菜洗净，切小块；雪梨洗净，去皮、核，切小丁；柠檬洗净，去皮、子，切小块。

2 将上述食材放入榨汁机中，加入适量饮用水搅打均匀，加入蜂蜜调匀即可。

热 量
102千卡

生菜柠檬雪梨汁
缓解神经衰弱

热量
98千卡

准备　雪梨、生菜各100克，柠檬20克，蜂蜜适量。

做法

1 生菜洗净，切小块；雪梨洗净，去皮、核，切小丁；柠檬洗净，去皮、子，切小块。

2 将上述食材放入榨汁机中，加入适量饮用水搅打均匀，加入蜂蜜调匀即可。

🌿 营养课堂 🌿

生菜能清热安神、镇痛催眠；雪梨凉心降火、养阴清热，搭配柠檬榨汁能缓解神经衰弱引起的失眠。

叶酸蔬果汁　**助眠，减压**

热量
95千卡

准备　甜椒（黄）、西芹各50克，菠萝150克，柠檬30克，淡盐水适量。

做法

1 西芹择洗干净，切小段；甜椒洗净，去子，切小块；菠萝去皮，切小块，放淡盐水中浸泡15分钟，捞出冲洗一下；柠檬洗净，去皮、子，切小块。

2 将上述食材放入榨汁机中，加入适量饮用水搅打均匀倒入杯中即可。

🌿 营养课堂 🌿

这款饮品富含维生素C和叶酸，可以帮助改善睡眠质量，缓解压力。

葡萄鲜橙汁 补钾，缓解疲劳

准备　葡萄 100 克，橙子 50 克，蜂蜜适量。

做法

1. 葡萄洗净，切成两半，去子；橙子去皮、子，切小块。
2. 将上述食材放入榨汁机中，加入适量饮用水搅打均匀，加入蜂蜜调匀即可。

果汁达人进阶课

葡萄打果汁可以不去子

葡萄子中含有丰富的抗氧化成分，对抗皮肤衰老有很好效果，因此在用葡萄打制果汁的时候，若能将整粒葡萄放入榨汁机中打制，将打碎的葡萄子一并被喝下，营养会更好。

热量
69千卡

营养课堂

人体缺钾会导致肌肉无力。葡萄和橙子都是富含钾的水果，钾存在于细胞内，打成汁后，细胞内的钾释放出来，更容易被吸收。

草莓葡萄柚橙汁
缓解运动后疲劳

准备　葡萄柚 150 克，草莓、橙子各
　　　50 克，蜂蜜适量。

做法

1　草莓洗净，去蒂，切小块；葡萄柚、
　橙子分别洗净，去皮、子，切小块。
2　将上述食材放入榨汁机中，加入适量
　饮用水搅打均匀，加入蜂蜜调匀即可。

热量
90千卡

🍃营养课堂🍃

草莓和葡萄柚含有较多的维生素 C 和
钾，有助于减轻肌肉疲劳。搭配榨汁，
可以帮助运动后补充水分以及矿物质和
维生素。

樱桃苹果汁
辅助降脂

准备　苹果 200 克，樱桃 100 克。

做法

1　樱桃洗净，去核；苹果洗净，去皮、
　核，切丁。
2　将上述食材放入榨汁机中，加入适量
　饮用水搅打均匀，倒入杯中即可。

热　量
152千卡

🍃营养课堂🍃

樱桃和苹果都属于含糖量较低的水果，
同时还含有较多的可溶性膳食纤维。搭
配榨汁，有助于控制体重以及预防血脂
增高。

热 量
422千卡

黑豆雪梨大米豆浆
缓解咳嗽

准备　黑豆 40 克，大米 30 克，雪梨 200 克，蜂蜜适量。

做法

1　黑豆用清水浸泡 10~12 小时，洗净；大米淘洗干净；雪梨洗净，去皮、核，切小丁。

2　将上述食材一同倒入豆浆机中，加水至上、下水位线之间，按下"豆浆"键，煮至豆浆机提示做好，凉至温热后加蜂蜜调味即可。

🥄 营养课堂 🥄

黑豆能润肺化痰，对咳嗽及咳中带痰症状有缓解作用，适合吸烟人群饮用。

热 量
189千卡

莲藕雪梨汁
缓解吸烟引起的不适

准备　莲藕、雪梨各 150 克。

做法

1　莲藕洗净，去皮，切小丁；雪梨洗净，去皮、核，切小丁。

2　将上述食材放入榨汁机中，加入适量饮用水搅打均匀，倒入杯中即可。

🥄 营养课堂 🥄

中医认为莲藕可以生津凉血、除烦止咳；雪梨可以清热去燥、化痰止咳。二者搭配榨汁，适合吸烟者饮用，可缓解吸烟引起的喉咙干痒、痰稠等症状。

私家秘籍

选购莲藕时，要挑选藕节较粗短的，这种莲藕成熟度更好，口感更佳。

雪梨豆浆 清热化痰

准备 雪梨 200 克，豆浆 300 克，蜂蜜适量。

做法

1 雪梨洗净，去皮、核，切小丁。
2 将雪梨放入榨汁机中，加入豆浆搅打均匀，加入蜂蜜调匀即可。

> **营养课堂**
>
> 这道饮品可以生津润燥、清热化痰，适合因吸烟而导致经常咳嗽、痰多的人群饮用。

热量
251千卡

润肺枇杷汁
清肺化痰

准备 枇杷 200 克，蜂蜜适量。

做法

1 枇杷洗净去皮、核，切块。
2 将枇杷块放入榨汁机中，加入适量饮用水搅打均匀，加入蜂蜜调匀即可。

> **营养课堂**
>
> 枇杷具有止咳化痰、滋阴润肺的功效，可缓解吸烟后咳嗽的症状。

热量
82千卡

苹果西芹汁 醒酒、补肝护肺

准备　苹果150克，西芹、胡萝卜各50克，蜂蜜适量。

做法

1 苹果洗净，去皮、核，切丁；西芹择洗干净，切小段；胡萝卜洗净，切丁。
2 将上述食材放入榨汁机中，加入适量饮用水搅打均匀，加入蜂蜜调匀即可。

热 量
104千卡

胡萝卜枸杞汁
缓解眼睛疲劳

准备　胡萝卜150克，枸杞子15克，蜂蜜适量。

做法

1 胡萝卜洗净，切丁；枸杞子洗净，用清水泡软。
2 将上述食材放入榨汁机中，加入适量饮用水搅打均匀，加入蜂蜜调匀即可。

热 量
87千卡

番茄胡萝卜汁
缓解眼睛干涩

准备　番茄、胡萝卜各60克，柠檬适量。

做法

1 番茄洗净，用开水烫一下，去皮、蒂，切丁；胡萝卜洗净，切丁；柠檬洗净，去皮、子，切小块。
2 将上述食材放入榨汁机中，加入适量饮用水搅打均匀，倒入杯中即可。

热 量
28千卡

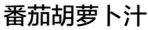

四季蔬果汁

春季 温补养阳，呵护肝脏

胡萝卜荠菜白菜心汁
增强肝功能

热量
64千卡

准备　胡萝卜100克，白菜心80克，荠菜50克。

做法

1 胡萝卜洗净，切丁；白菜心洗净，切片；荠菜洗净，切段。

2 将上述食材放入榨汁机中，加入适量饮用水搅打均匀即可。

> 🥄营养课堂🥄
>
> 胡萝卜富含胡萝卜素，搭配荠菜榨汁，可以增强肝功能，辅助治疗慢性肝病。

草莓酸奶　缓解春困

热量
290千卡

准备　草莓100克，酸奶300克。

做法

1 草莓去蒂、洗净，切丁。

2 将草莓、酸奶同时放入榨汁机中搅打均匀即可。

> 🥄营养课堂🥄
>
> 草莓中含有的多种维生素可以缓解春困。酸奶中的大量乳酸菌可以帮助肠道蠕动，促进消化。

热量
137千卡

水蜜桃葡萄汁
止渴除烦，利小便

准备　水蜜桃、葡萄各 150 克。

做法

1 水蜜桃洗净，去皮、核，切块；葡萄洗净，切成两半，去子。

2 将上述食材和适量饮用水一起放入榨汁机中搅打均匀即可。

> ♣营养课堂♣
>
> 水蜜桃有生津润肠的作用，搭配上葡萄，有止渴除烦、利小便的作用。

热量
86千卡

西瓜黄瓜汁
生津止渴，利尿消肿

准备　西瓜 200 克，黄瓜 150 克，蜂蜜适量。

做法

1 西瓜用勺子挖出瓜瓤，去子；黄瓜洗净，切小块。

2 将上述食材放入榨汁机中搅打均匀，加入蜂蜜调匀即可。

> ♣营养课堂♣
>
> 这道蔬果汁富含矿物质和水分，可以起到生津止渴、利尿消肿的功效。

黄瓜雪梨山楂汁
滋阴清肺

热 量
111千卡

准备 黄瓜 150 克，雪梨 100 克，山楂 8 克，蜂蜜适量。

做法

1 黄瓜洗净，切小块；雪梨洗净，去皮、核，切小丁；山楂洗净，去子。

2 将上述食材放入榨汁机中，加入适量饮用水搅打均匀，加入蜂蜜调匀即可。

🍂营养课堂🍂

这款蔬果汁水分充足，有着滋阴润肺的功效，秋天饮用可以缓解秋燥的症状。

苹果汁 缓解秋燥

热 量
106千卡

准备 苹果 200 克。

做法

1 苹果洗净，去皮、核，切丁。

2 将苹果丁放入榨汁机中，加入适量饮用水搅打均匀即可。

🍂营养课堂🍂

秋天正是苹果成熟的季节，这时候的苹果水分和营养成分含量高，榨汁饮用有生津止渴、润肺止咳、缓解秋燥的功效。

热量
179千卡

白萝卜梨汁 养生，驱寒

准备　白萝卜100克，雪梨200克，生姜10克，蜂蜜适量。

做法

1 将白萝卜洗净，去皮，切小丁；雪梨洗净，去皮、核，切丁；生姜洗净，挤出汁。

2 将白萝卜丁、雪梨丁倒入榨汁机，倒入适量饮用水搅打均匀，再放入生姜汁和蜂蜜搅匀即可。

> 🍃营养课堂🍃
>
> 白萝卜是冬季养生的首选蔬菜，有"秋后萝卜赛人参"的赞誉，搭配上雪梨、生姜榨汁，有养生、驱寒、清心润肺的功效。

热量
98千卡

白菜橘子汁
滋阴润燥、美容养颜

准备　白菜、橘子各150克，蜂蜜少许。

做法

1 白菜洗净，切碎；橘子去皮，分瓣，除子，切块。

2 将上述食材和适量饮用水一起放入榨汁机中搅打均匀，加入蜂蜜调匀即可。

> 🍃营养课堂🍃
>
> 白菜含有很多水分，搭配上润肺止咳的橘子一起榨汁，有滋阴润燥、美容颜颜的功效。